高等学校计算机基础教育教材精选

C++程序设计
例题解析与上机指导

侯凤贞　关媛　编著

清华大学出版社

北京

内 容 简 介

本书内容涵盖了 C++ 语言面向过程程序设计和面向对象程序设计的各个重要知识点：第 1 章介绍三种常用的 C++ 开发工具的使用方法；第 2 章解析 C++ 的数据类型和表达式；第 3 章介绍流程控制语句；第 4 章介绍函数知识点；第 5 章介绍数组知识点；第 6 章介绍指针知识点；第 7 章介绍结构体知识点；第 8 章介绍类和对象知识点；第 9 章介绍运算符重载知识点；第 10 章介绍继承与派生知识点；第 11 章介绍多态性与虚函数编程；第 12 章介绍编程中的一些常见错误及调试技巧。

本书具有以下特点：

(1) 内容通用，与大部分 C++ 教材配套。

(2) 例程丰富，讲解细致，有利于学生对本书知识点的梳理。

(3) 习题选题典型，覆盖面广，由浅入深，以进一步巩固学生对知识点的掌握。

(4) 部分习题采用程序填空的形式，较难的习题还配有算法提示，有利于初学者提高独立编程能力，并始终保持学习兴趣与自信心。

综上所述，本书内容通用，难度适中，可作为本专科院校学生初学 C++ 课程的实践指导用书。

图书在版编目（CIP）数据

C++ 程序设计例题解析与上机指导/侯凤贞，关媛编著.--北京：清华大学出版社，2015
高等学校计算机基础教育教材精选
ISBN 978-7-302-41600-5

Ⅰ. ①C… Ⅱ. ①侯… ②关… Ⅲ. ①C 语言－程序设计－高等学校－教学参考资料 Ⅳ. ①TP312

中国版本图书馆 CIP 数据核字(2015)第 225349 号

责任编辑：张　玥　赵晓宁
封面设计：傅瑞学
责任校对：焦丽丽
责任印制：李红英

出版发行：清华大学出版社
　　网　　址：http://www.tup.com.cn，http://www.wqbook.com
　　地　　址：北京清华大学学研大厦 A 座　　　　　邮　　编：100084
　　社 总 机：010-62770175　　　　　　　　　　　邮　　购：010-62786544
　　投稿与读者服务：010-62776969，c-service@tup.tsinghua.edu.cn
　　质量反馈：010-62772015，zhiliang@tup.tsinghua.edu.cn
　　课件下载：http://www.tup.com.cn，010-62795954
印　装　者：北京密云胶印厂
经　　销：全国新华书店
开　　本：185mm×260mm　　印　张：10.25　　字　数：234 千字
版　　次：2015 年 11 月第 1 版　　　　　　　印　次：2015 年 11 月第 1 次印刷
印　　数：1～2000
定　　价：24.50 元

产品编号：062804-01

　　"C++ 程序设计"是各类本专科院校计算机相关专业的一门必修课,在某些高校,甚至对所有专业都开设该课程,但是该课程却一直以来被学生认为难懂难学。学习编程最好的方法就是阅读源代码及动手编程、再编程。因此,有效的上机实践是学好 C++ 程序设计的唯一途径。一些经典教材虽然有配套实践指导教程,但在实际教学过程中使用效果并不理想,究其原因在于例程不够丰富、对知识点的讲解不够细致,以及习题难度设置不当等。

　　本书内容涵盖 C++ 语言中各重要知识点:C++ 的数据类型和表达式,流程控制语句,函数,数组,指针,结构体,类和对象,运算符重载,继承与派生,以及多态性与虚函数等。本书还以图文并茂的方式详细介绍三种常用的 C++ 开发工具的使用方法,以及 C++ 程序常见错误和调试技巧,这些对于初学者是非常重要的。

　　本书具有以下特点:

　　(1) 内容通用,与大部分 C++ 教材配套。

　　(2) 例程丰富,讲解通俗细致,有利于学生对知识点的梳理。

　　(3) 习题选题典型,覆盖面广,由浅入深,以进一步巩固学生对知识点的掌握。

　　(4) 部分习题采用程序填空的形式,较难的习题还配有算法提示,有利于初学者提高独立编程能力并始终保持学习兴趣与自信心。

　　综上所述,本书内容通用,难度适中,对于各类本专科院校初学 C++ 课程的学生来说是一本恰到好处的实践指导用书。为方便教学,编者提供例程源码及习题参考答案等教学资源供下载。

　　本书第 2～7 章由侯凤贞编写,第 1 章、第 8～12 章主要由关媛编写。由于编者水平有限,编写时间仓促,书中难免有欠妥之处,恳请广大专家、读者提出宝贵意见。

编　者
2015 年 5 月

目录

第1章　C++ 程序的运行环境和运行方法 ……………………………… 1

　1.1　C++ 集成开发环境的使用 …………………………………………… 1

　　1.1.1　Visual C++ 6.0 的使用 ……………………………………… 2

　　1.1.2　Visual Studio 2010 的使用 ………………………………… 7

　　1.1.3　MinGW 的使用 ………………………………………………… 11

　1.2　实验内容 ………………………………………………………………… 14

第2章　数据类型与表达式 ………………………………………………… 15

　2.1　例题解析 ………………………………………………………………… 15

　2.2　实验内容 ………………………………………………………………… 19

第3章　流程控制语句 ……………………………………………………… 23

　3.1　例题解析 ………………………………………………………………… 23

　3.2　实验内容 ………………………………………………………………… 33

第4章　函数初步与预处理 ………………………………………………… 43

　4.1　例题解析 ………………………………………………………………… 43

　4.2　实验内容 ………………………………………………………………… 49

第5章　数组 ………………………………………………………………… 56

　5.1　例题解析 ………………………………………………………………… 56

　5.2　实验内容 ………………………………………………………………… 61

第6章　指针 ………………………………………………………………… 69

　6.1　例题解析 ………………………………………………………………… 69

　6.2　实验内容 ………………………………………………………………… 76

第7章　结构体 ……………………………………………………………… 84

　7.1　例题解析 ………………………………………………………………… 84

　7.2　实验内容 ………………………………………………………………… 89

第8章　类和对象 …………………………………………………………… 92

　8.1　例题解析 ………………………………………………………………… 92

　8.2　实验内容 ………………………………………………………………… 102

第 9 章 运算符重载 ·· 111

　9.1　例题解析 ··· 111

　9.2　实验内容 ··· 115

第 10 章 继承和派生 ·· 118

　10.1　例题解析 ·· 118

　10.2　实验内容 ·· 123

第 11 章 多态性与虚函数 ·· 133

　11.1　例题解析 ·· 133

　11.2　实验内容 ·· 135

第 12 章 常见错误及调试 ·· 140

　12.1　常见错误 ·· 140

　　12.1.1　编译时可能会报的语法错误 ······························· 141

　　12.1.2　连接时可能会报的语法错误 ······························· 144

　　12.1.3　语法误用导致的错误 ····································· 145

　12.2　程序调试 ·· 147

参考文献 ··· 155

第 1 章　C++ 程序的运行环境和运行方法

上机实验目的

- 了解和使用 C++ 集成开发环境。
- 熟悉 Visual C++ 6.0 的基本命令和常用的功能键或菜单命令。
- 掌握完整的 C++ 应用程序开发过程。
- 理解简单的 C++ 程序结构。
- 初步掌握查找并修改程序中语法错误的方法。
- 掌握基本输入输出的方法,熟悉 C++ 输入输出操作符。

1.1　C++ 集成开发环境的使用

常用的 C++ 开发工具有 Microsoft 公司的 Visual C++ 6.0 和基于 GCC 编译器的 C++ 开发工具。

在 Windows 操作系统平台下,Visual C++ 6.0 是应用最为广泛的 C++ 开发软件之一。它不仅是一个 C++ 编译器,还是一个基于 Windows 操作系统的可视化集成开发环境(Integrated Development Environment,IDE)。Visual C++ 6.0 和另外两款程序开发工具 Visual Basic 6.0、Visual FoxPro 6.0 同属于 Microsoft 公司 Microsoft Visual Studio 6.0 软件包。Visual Studio 是目前最流行的 Windows 平台应用程序的集成开发环境之一,其最新版本为 Visual Studio 2015。Visual Studio 6.0 虽然是 1998 年发布的,却是 C++ 编程初学者最常使用的一个版本。本教程将首先介绍利用 Visual C++ 6.0 进行 C++ 程序开发的基本用法。

近年来,随着 Microsoft 公司停止对 Windows XP 操作系统的服务支持,Windows 7 和 Windows 8 操作系统已逐渐成为主流的操作系统,Visual C++ 6.0 在这两款操作系统下安装和运行都可能产生各种各样的兼容性问题。因此,本教程也将介绍利用 Visual Studio 2010 进行 C++ 程序开发的基本用法。

GCC(GNU Compiler Collection,GNU 编译器套装)是一套由 GNU 工程开发的支持多种编程语言的编译器。GCC 原为 GNU C Compiler(GNU C 编译器)的缩写,因为它原本只能处理 C 语言。但作为一款源代码公开的自由软件,GCC 得到了迅速的扩展,逐步能够支持更多的编程语言,如 C++、Fortran、Pascal、Java 等。GCC 本是大多数 UNIX-like(类 UNIX)操作系统(如 Linux 操作系统)的标准编译器,但经过众多自由开发者的共同努力,Windows 下也有了 GCC 的稳定移植版本。Windows 下比较流行的 GCC 移植版主要有 MinGW、Cygwin 和 Djgpp。这三款软件各具特色：MinGW 主要是让 GCC 的 Windows 移植版能使用 Win32 API 来编程；Cygwin 的目标是让 UNIX-like 操作系统下的程序代码能在 Windows 下直接被编译；Djgpp 主要是应用于 DOS 操作系统的 GCC。相对而言,MinGW 比 Cygwin 和 Djgpp 的安装和使用更为简便,因此本教程也将以 MinGW 为例介绍使用 GCC 编译器进行 C++ 程序开发的基本用法。GCC 的使用远远不如商业软件 Visual C++ 来得方便,但它作为一款免费的开源软件,在很多国家都被学习 C++ 编程的学生广泛使用,这里也建议读者了解并学会使用它。

下面将分别介绍 Visual C++ 6.0、Visual Studio 2010 和 MinGW 这三款 C++ 程序开发工具的基本用法。

1.1.1　Visual C++ 6.0 的使用

1. Visual C++ 6.0 的启动

选择"开始"→"所有程序"→Microsoft Visual Studio 6.0→Microsoft Visual C++ 6.0 命令,可打开 Visual C++ 6.0(后面简称为 VC6.0)集成开发环境。启动后的程序界面如图 1-1 所示(本教程以 VC6.0 英文版软件界面为例)。

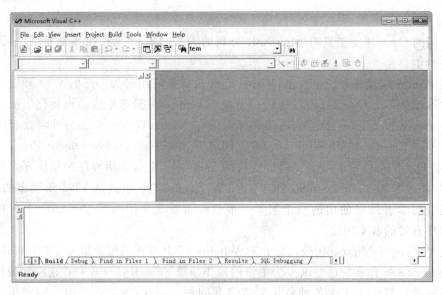

图 1-1　Visual C++ 6.0 用户界面

2. 创建项目工作区

在 VC6.0 中,C++ 源代码文件需要放在一个项目工作区(Project Workspace)中进行编译、连接、运行。这种工作机制对于包含多个源代码文件或头文件的程序来说非常方便,可以将一个程序包含的多个文件放在一个项目工作区内进行统一操作和管理。因此,在创建一个 C++ 源代码文件之前要先创建一个项目（Project，也可翻译成"工程"），并将该项目放在一个工作区（Workspace）中。创建一个 VC 项目工作区的步骤如下：

（1）执行菜单 File→New 命令，弹出 New 对话框，如图 1-2 所示。

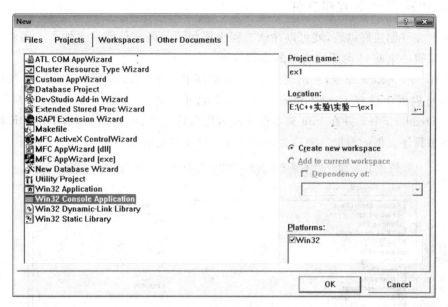

图 1-2　New（新建工程）对话框

（2）选择 Projects 选项卡，如图 1-2 所示。在左边列表框中选择 Win32 Console Application（Win32 控制台应用程序），同时在 Project name 文本框中输入工程的名称，例如 ex1。然后在 Location 文本框中设置项目文件的保存路径。本选项卡中还有一个默认处于选中状态的 Create new workspace 单选按钮，表明在创建该项目的同时会自动新建一个工作区。以上设置完成后单击 OK 按钮进入下一步。

（3）在随后弹出的 Win32 Console Application-Step 1 of 1 对话框中选择 An empty project. 单选按钮，然后单击 Finish 按钮，如图 1-3 所示。

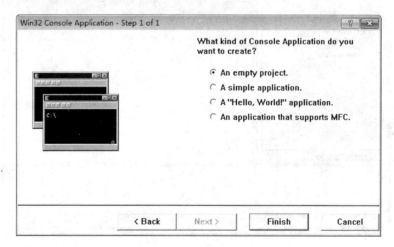

图 1-3　Win32 Console Application-Step 1 of 1 对话框

（4）在弹出的 New Project Information 对话框中会给出该新建工程的相关说明。若信息无误，在此对话框下方单击 OK 按钮即可完成工程创建过程（图略）。

3. 创建 C++ 源程序文件

工程文件创建好以后，就可以在该工程中添加源代码文件或头文件了。向新工程中添加并编辑一个 C++ 源程序文件的步骤如下：

执行 File→New 命令，在出现的 New 对话框中选择 Files 选项卡，如图 1-4 所示。在其下方列表框中选择 C++ Source File（如果这里要添加的是一个头文件，应当选择 C/C++ Header File），并在 File 文本框中输入源程序文件的名称，如 f1，单击 OK 按钮即可完成源程序文件的添加。随后会出现该源程序文件的编辑界面，如图 1-5 所示。

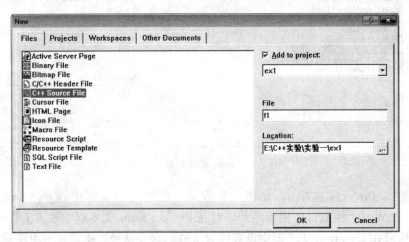

图 1-4　New（新建文件）对话框

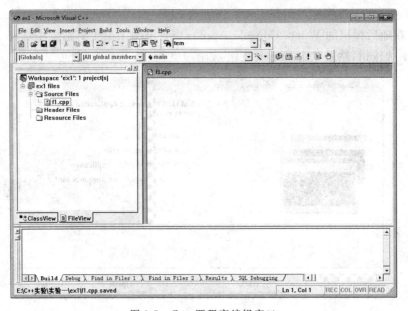

图 1-5　C++ 源程序编辑窗口

在 f1.cpp 源文件的编辑窗口输入一段 C++ 源程序,如图 1-6 所示。其中,标题栏 fi.cpp＊中的“＊”表明该 cpp 源文件正处于编辑状态,且刚编辑过的内容尚未保存。如果正在输入的源程序较长,请注意在编写代码的过程中随时保存。

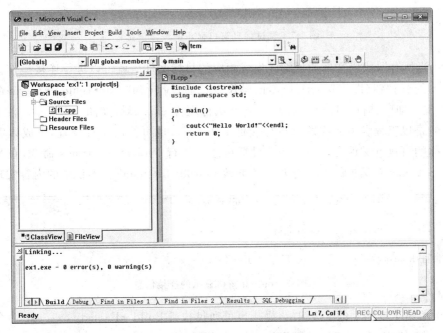

图 1-6　编辑 C++ 源程序

如果一个程序包含多个源代码文件或头文件,可重复上述过程进行其他文件的添加和编辑。同一工作区内的文件将会按类别排列在 VC 用户界面左边的 FileView 面板中,编程者可在此面板中对这些文件进行管理。

4. 编译、连接和运行程序

编辑好的源代码还需要经过编译、连接,生成该程序的可执行文件(.exe 文件)后才能运行,具体操作步骤如下:

(1) 单击工具栏上的 按钮(即编译 f1.cpp,该操作也可通过执行 Build→Compile f1.cpp 命令或按 Ctrl＋F7 组合键实现),系统便开始对指定的源程序进行编译。编译过程中,系统会将发现的语法错误信息显示在屏幕下方的调试信息窗口中。语法错误有两种类型:以 error 标识的是严重错误,如果程序中有这种类型错误,程序便无法通过编译,不能生成目标程序(.obj 文件),因此是必须要改正的;以 warning 标识的是警告性错误,这类错误不影响生成目标程序和可执行程序,但有可能影响程序的运行结果,这类错误也要尽量改正。每条错误信息中都会指出该错误所在的行号及错误情况说明,双击某条错误信息即可跳转到程序中相应的错误代码处,编程者可直接对该行错误代码进行修改。

若程序中既无严重错误也无警告性错误,编译信息会提示 0 errors(s),0 warning(s),如图 1-7 所示。此时将生成当前源代码文件对应的目标文件,如本例中的 f1.obj。

```
x|--------------------Configuration: ex1 - Win32 Debug--------------------
|Compiling...
|f1.cpp

|f1.obj - 0 error(s), 0 warning(s)

 ◀ ▶ Build ⟨ Debug ⟩ Find in Files 1 ⟩ Find in ▌ ◀▌
```

图 1-7   调试信息窗口显示的编译信息

（2）当所有源代码文件通过编译生成相应的目标文件后就可以进行连接操作。单击工具栏上的 按钮（即构建 ex1.exe，该操作也可通过执行 Build→Build ex1.exe 命令或 F7 键实现），即可进行连接（Link）并生成可执行文件 ex1.exe，如图 1-8 所示。注意：此处生成的是以工程名为名称的可执行文件 ex1.exe。也可修改工程设置，生成以源文件名为名称的可执行文件 f1.exe。相关设置可通过执行 Project→Settings 命令，在弹出的 Project Settings 对话框的 link 选项卡下修改 Output file name 文本框中的内容实现。

```
x|--------------------Configuration: ex1 - Win32 Debug--------------------
|Linking...

|ex1.exe - 0 error(s), 0 warning(s)

 ◀ ▶ Build ⟨ Debug ⟩ Find in Files 1 ⟩ Find in ▌ ◀▌
```

图 1-8   output 窗口显示的连接信息

（3）单击工具栏上的 ！按钮（该操作也可通过执行 Build→Execute ex1.exe 命令或按 Ctrl＋F5 键实现），便可运行该可执行文件，并将结果显示在一个 Win32 Console 窗口中，如图 1-9 所示。

图 1-9   程序运行结果

如果程序的运行结果正确便可完成这道程序的开发工作。如果程序的运行结果不正确，还需要重新检查程序，分析算法存在的逻辑错误。若通过分析代码仍然无法找到错误可再辅助调试的方法进行错误排查。关于程序的调试方法在本教程的第 12 章有详细介绍，读者可自行参阅。

5. 项目工作区的关闭和打开

完成一个程序的全部开发工作之后，若需要再编写另外一个程序的代码，可关闭当前的项目工作区，重新创建一个项目工作区进行下一个程序的开发工作。关闭当前的工作区（Workspace）可通过执行 File→Close Workspace 命令实现。注意：关闭工作区操作并不会关闭 VC 集成开发环境，因此关闭了当前的工作区后可随后执行创建新的项目工作区的操作。

在 VC 中打开一个之前已建立并保存好的项目工作区,可通过执行 File→Open Workspace 命令,在弹出的 Open Workspace 对话框中选中要打开的项目文件夹中扩展名为 dsw 的项目配置文件(本例中为"E:\C++ 实验\实验一\ex1\ex1.dsw")后单击"打开"按钮,则可打开该项目工作区,对其中的文件进行查看或修改。

在 VC 集成开发环境没有预先打开的情况下,若要查看或修改某个程序的代码,可直接在 Windows 操作系统中双击这个程序对应的项目文件夹中扩展名为 dsw 的项目配置文件,即能同时打开 VC6.0 集成开发环境和该项目的工作区。

1.1.2 Visual Studio 2010 的使用

1. Visual Studio 2010 的启动

选择"开始"→"所有程序"→Microsoft Visual Studio 2010→Microsoft Visual Studio 2010 命令,可打开 Visual Studio 2010(后面简称为 VS2010)集成开发环境。启动后的程序界面如图 1-10 所示(本教程以 VS2010 中文版软件界面为例)。

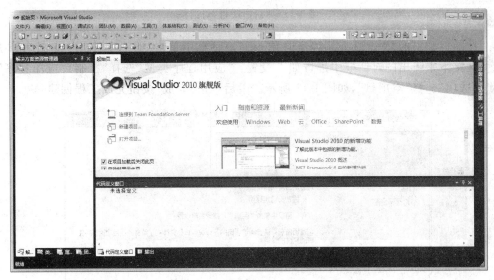

图 1-10　Visual Studio 2010 用户界面

2. 创建项目工作区

在 VS2010 中,C++ 源代码文件也需要放在一个项目工作区中进行编译、连接、运行。创建一个 VS2010 项目工作区的步骤如下:

执行"文件"→"新建"→"项目命令"命令,弹出"新建项目"对话框,如图 1-11 所示。

在项目类型中选择 Visual C++,然后在右侧的列表中选择"Win32 控制台应用程序",同时在下方"名称"文本框中输入一个工程名,例如 ex1。在"位置"文本框中设置项目文件的保存路径。单击"确定"按钮进入下一步。

图 1-11 "新建项目"对话框

在随后弹出的"Win32 应用程序向导-ex1"对话框中单击"下一步"按钮,如图 1-12 所示。在接下来弹出的对话框中进行如下设置:"应用程序类型"选择"控制台应用程序","附加选项"选择"空项目",如图 1-13 所示。最后单击"完成"按钮完成工程创建。

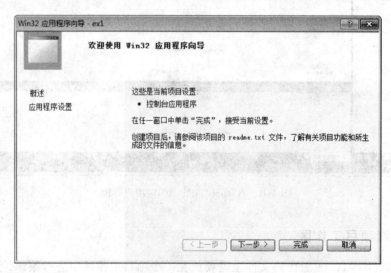

图 1-12 Win32 应用程序向导

3. 创建 C++ 源程序文件

工程创建好后,就可以在该工程中添加源代码文件或头文件了。向新工程中添加并编辑一个 C++ 源程序文件的步骤如下:

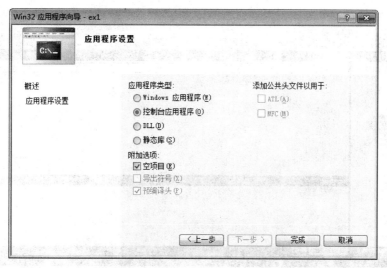

图 1-13　Win32 应用程序向导——应用程序设置

在"解决方案资源管理器"面板的"源文件"上单击右键,从弹出的快捷菜单中选择"添加"→"新建项"命令,在出现的"添加新项-ex1"对话框中选择"C++ 文件(.cpp)"类型,如图 1-14 所示。在"名称"文本框中输入源程序文件的名称,如 f1,然后在"位置"文本框中设置项目文件的保存路径。单击"添加"按钮即可完成源程序文件的添加。随后会出现该源程序文件的编辑界面,如图 1-15 所示。

图 1-14　添加 C++ 源程序窗口

在 f1.cpp 源文件的编辑窗口输入一段 C++ 源程序,如图 1-16 所示。

如果一个程序包含多个源代码文件或头文件,可重复上述过程进行其他文件的添加

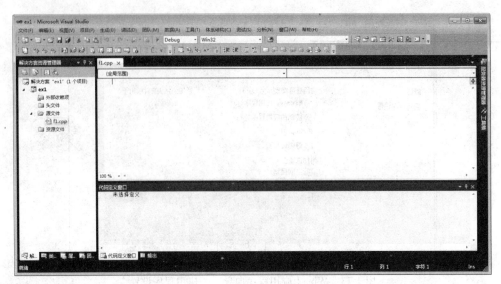

图 1-15   C++ 源程序编辑窗口

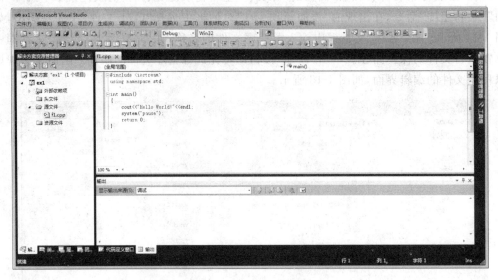

图 1-16   编辑 C++ 源程序

和编辑。同一工作区内的文件将会按类别排列在"解决方案资源管理器"面板中,编程者可在此面板中对这些文件进行管理。

4. 编译、连接和运行程序

编辑好的源代码需要经过编译、连接,生成该程序的可执行文件(.exe 文件)后才能运行。具体操作步骤如下:单击工具栏上的 ▶ 按钮(该操作也可通过执行"调试"→"启动调试"命令或按 F5 键实现),系统便开始对指定的源程序进行编译、连接、运行。编译过程中,系统会将发现的语法错误信息显示在屏幕下方的调试信息窗口中,如图 1-17 所示。

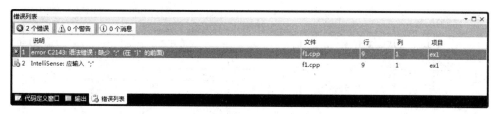

图 1-17　调试信息窗口显示的编译信息

若程序中既无严重错误也无警告性错误,将生成当前源代码文件对应的目标文件并弹出程序运行窗口。

如果程序的运行结果正确,便可以完成这道程序的开发工作。

5. 项目工作区的关闭和打开

完成一个程序的全部开发工作之后,若需要编写另外一个程序的代码,需要关闭当前的项目工作区,重新创建一个项目工作区进行下一个程序的开发工作。关闭当前的工作区可通过执行"文件"→"关闭解决方案"命令实现。

在 VS2010 中打开一个之前已建立并保存好的项目工作区,可通过执行"文件"→"打开"→"项目\解决方案"命令,在弹出的"打开项目"对话框中选中该项目文件夹中扩展名为 sln 的项目解决方案文件(本例中为"D:\exp\ex1\ex1.sln")后单击"打开"按钮,则可打开该项目工作区。

在 VS2010 集成开发环境没有预先打开的情况下,若要查看或修改某个程序的代码,可直接在 Windows 操作系统中双击该程序对应的项目文件夹中扩展名为 sln 的项目配置文件,即能同时打开 VS2010 集成开发环境和该项目的工作区。

1.1.3　MinGW 的使用

MinGW 的安装文件可以从 MinGW 的官方网站(www.mingw.org)或全球最大的开源软件共享平台 sourceforge(www.sourceforge.net)上下载。

MinGW 没有操作简便的集成开发环境,它是一种基于命令行的开发工具。软件安装成功后需要将 MinGW 安装目录下的 bin 目录添加到系统环境变量 PATH 里,才能在命令提示符窗口使用 GCC 编译器的命令实现 C++ 程序的编译、连接和运行操作。

1. C++ 源程序文件的创建

由于 MinGW 不具有编辑源代码的功能,因此 C++ 程序代码的输入需要借助于其他的代码编辑器或文字编辑软件来实现。例如,Windows 自带的"记事本"或者在代码编辑方面功能更为全面的 Notepad++ 等软件都可以进行 C++ 源代码的输入与编辑。

假设在 D 盘的 Example 文件夹下创建了一个名称为 test.cpp 的 C++ 源文件,然后用 Notepad++ 打开它,在其中输入一段 Hello World 程序并保存,如图 1-18 所示。

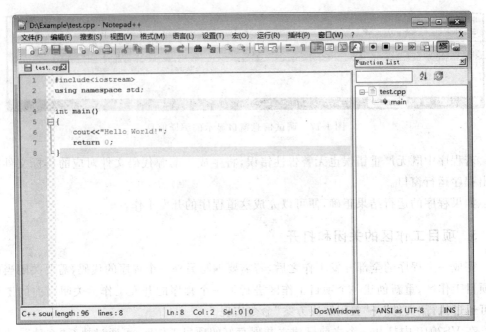

图 1-18　Notepad++ 编辑 C++ 源代码

2. 编译、连接和运行程序

打开命令提示符窗口(Window 7 操作系统下可以在"开始"菜单面板上提示有"搜索程序和文件"的文本框中输入 command 或 cmd 命令即可打开)。

首先将当前的命令执行路径修改到你的源代码文件所保存的文件夹下。在本例中可以输入以下命令(其中"✓"表示回车):

```
>d:✓
>cd example✓
```

即可将盘符修改到 D 盘下。第二条命令中的 cd 可以实现打开指定目录文件夹 example。

再输入以下命令可对当前目录下的源代码文件 test.cpp 进行编译、连接操作,生成相应的可执行文件:

```
>g++  test.cpp✓
```

但该行命令未指定生成的可执行文件名称,因此默认生成的可执行文件为 a.exe。若没有语法错误,编译成功后可在当前目录下看到生成的 a.exe 文件。

若要指定产生的可执行文件名称,可在以上命令中增加一个-o 参数。指定生成的可执行文件为 test.exe 的命令如下:

```
>g++  test.cpp -o test.exe✓
```

编译成功后可在当前目录下看到生成的 test.exe 文件。在命令提示符下输入可执行文件的名称后按 Enter 键即可运行该文件。命令如下:

```
>test↙
```

图 1-19 展示了命令提示符窗口中编译、运行 test.cpp 程序的一系列命令及程序的执行结果。

图 1-19　编译、运行 C++ 源程序文件的命令

若一个程序包含多个源代码文件,可有两种处理方式。

第一种处理方式是分别编译每个源文件得到相应的目标文件(＊.o 文件),再将各目标文件连接生成可执行文件。假设一个程序包含有两个源代码文件 test1.cpp 和 test2.cpp,可通过如下命令执行该程序:

```
>g++  -c test1.cpp↙
>g++  -c test2.cpp↙
>g++  test1.o  test2.o -o test.exe↙
>test↙
```

第二种处理方式是直接将该程序包含的所有源文件放在一条命令中编译、连接成可执行文件,可使用如下命令:

```
>g++  test1.cpp test2.cpp -o test.exe↙
```

关于 g++ 命令的其他用法,可以在命令提示符窗口中输入:

```
>g++  --help↙
```

获取该命令的帮助信息以进行了解。

对于长期接触“所见即所得”软件环境的读者而言,这样单纯使用命令行的方式进行 C++ 程序的开发显然很不简便。如果程序需要进行调试等处理则更加复杂。因此,MinGW 经常结合另外一款具有集成开发环境界面的优秀开源软件——Eclipse,共同打造免费的 C++ 集成开发环境。关于如何在 Windows 上利用 MinGW 和 Eclipse CDT 部署 C++ 开发环境,本教程不再详细介绍,读者可自行查阅相关资料。

1.2 实 验 内 容

1. 使用 VC++ 6.0、VS2010 或 MinGW 编辑、编译并运行如下 C++ 程序:

```cpp
#include <iostream>
using namespace std;
int main()
{
    cout<<"This is a C++program!"<<endl;
    return 0;
}
```

2. 请输入如下程序,看经过编译会出现哪些错误? 请修改程序直至程序可以正常运行并输出"Hello World!"。

```cpp
#include <iostream>
using namespace std;
int main()
{
    cout<<"hello!"<<endl;
    return 0;
}
int main()
{
    cout<<"world!"<<endl;
    return 0;
}
```

第 2 章 数据类型与表达式

上机实验目的

- 掌握 C++ 语言数据类型，熟悉如何定义变量，以及对它们赋值的方法 。
- 掌握 C++ 常量的概念及字符串常量、转义字符的概念及使用方法。
- 学会使用 C++ 有关算术运算符，以及包含这些运算符的表达式。
- 理解 C++ 赋值过程及算术运算过程中的隐式类型转换。
- 学会使用 cin、cout 进行标准输入输出操作。
- 进一步熟悉 C++ 程序的结构；进一步熟悉 C++ 程序的编辑、编译、连接和运行的过程。

2.1 例 题 解 析

例 2-1 分析本程序的运行结果。

程序代码：

```cpp
#include <iostream>
using namespace std;
int main()
{
    int   max=5;                   //第一行
    cout<<max<<endl;               //第二行
    cout<<"max"<<endl;             //第三行
    return 0;
}
```

程序执行效果：

```
5
max
```

程序分析及相关知识点：

C++ 是区分大小写的语言，C++ 语言的字符集由 26 个小写英文字母、26 个大写英文字母、10 个阿拉伯数字、运算符及标点符号构成。而由 C++ 的字符集构成的词法单位又分为 5 种：关键字（Keyword）、标志符（Identifier）、字面值常量、运算符和标点符号。

其中：

（1）关键字又称为保留字，是由系统定义的具有特殊含义的全由小写字母组成的英文单词（如 int、if、else、return 等），关键字不能另做他用。

（2）标识符是程序员定义的"单词"，用来为程序中涉及的变量、常量、函数及自定义数据类型等命名。在标准 C++ 中，合法的标志符只能由字母、数字和下划线三种字符组成，且第一个字符不能为数字。本例中第一行就是定义了一个标识符 max，用来表示一个整型变量，其值定义时初始化为 5，因此第二行 cout<<max 就输出了该整型变量的值 5。C++ 中的标识符遵循"先定义，再使用"的原则，请尝试将本程序中的第一行代码去掉，然后重新编译，看看会发生什么。

（3）字面值常量是一类特殊的常量，只能用它的值来称呼它，如整数 32、实数 3.5、字符 a、字符串 hello 等。需要注意的是，在 C++ 中要表示字符型字面值常量，如字符 a，则需用单引号将相应字符括起来，如'a'；而要表示字符串型字面值常量，如字符串 hello，则需用双引号将相应字符括起来，如"hello"。因此，本题中第三行的"max"就是一个字符串型字面值常量，cout<<"max"就相应地输出了字符串 max。

（4）标点符号只能是英文状态下的标点符号，请尝试将本题第三行代码中的" "改为中文状态下的" "，然后重新编译，看看会发生什么。

例 2-2 分析本程序的运行结果。

程序代码：

```
#include <iostream>
using namespace std;
int main()
{
    int num='a';                    //第一行
    char c=97;                      //第二行
    cout<<num<<endl;                //第三行
    cout<<c<<endl;                  //第四行
    return 0;
}
```

程序执行效果：

```
97
a
```

程序分析及相关知识点：

（1）字符可以用二进制的代码表征，该码值可以视为整型处理。因此，在 C++ 中，字符型可以看成是整型的子集，运算中可以参与到整型数中去，如同第一、二行，两者可以互相赋值。但是在输出时，如第三、四行，系统是按照变量的类型来决定输出的类型，整型变量输出其整数值，而字符型变量输出的是一个字符。

（2）在将一个整数赋给一个字符型变量的时候，需要注意的是：该整数不要超过127，否则会有意想不到的结果出现。请尝试将本题中的第二行代码分别改成如下两种形

式,编译运行后看看会得到什么,并仔细分析运行结果:

(1) char c＝353;(2) char c＝128＋97;

提示:将整数 353 赋给字符型变量 c 时,由于 353 超过了 c 可存放的数据范围,因此系统会将整型数 353 在内存中最后一个字节的数据(01100001)存放到字符型变量 c 的内存中,而 ASCII 码为 01100001 对应的是字符 a,因此 cout＜＜c＜＜endl 会输出字符 a;而在将整数 225(即 128＋97)赋给字符型变量 c 时,会将 225 最后一个字节的数据(11100001)存放到字符型变量 c 的内存中,这是一个非 ASCII 码值的字符,因此不能识别,无输出。字符型可以看成是整型的子集,相对而言,字符型 char 是一种表达能力稍弱的数据类型,而整型 int 是一种表达能力稍强的数据类型。从表达能力弱的数据类型向表达能力强的类型转换是安全的,但从表达能力强的类型向表达能力弱的类型转换时就要考虑是否会超出类型所能表达的数据范围的问题(如此类似的还有将浮点数赋给整型变量时存在的问题)。因为在 VC6.0 编译器中,超出范围并不报编译错误,因此这方面错误就需要靠编程者自身的经验去判别。

例 2-3 分析本程序的运行结果。

程序代码:

```
#include <iostream>
using namespace std;
int main()
{
    int a=48;
    cout<<a<<endl;                    //第一行
    cout<<'a'<<endl;                  //第二行
    cout<<'\a'<<endl;                 //第三行
    return 0;
}
```

程序执行效果:

```
48
a
```

(注意:打开计算机的扬声器,此题运行时可以听到"滴"的一声响)

程序分析及相关知识点:

(1) 此题第一行中 a 为整型变量,因此第一行输出整数值 48;第二行输出字符 a,因为'a'表示字符型字面值常量 a;第三行'\a'代表的是 ASCII 码值为 7 的不可见字符——响铃控制,因此在输出时第三行是空的,但若打开计算机的扬声器,可以听到"滴"的一声响。

(2) C++ 中的转义字符由符号'\'引导,必须使用转义字符来表示不可见字符,即 ASCII 码值小于等于 32 的字符,如'\a'代表响铃,'\b'代表退格,'\r'代表回车,'\t'代表水平制表符,'\n'代表换行。此外,对于三个有特殊用途的字符,即反斜杠字符\、单引号字符'、以及双引号字符",C++ 中也必须使用转义字符的形式,即'\\','\'',以及'\"'的形式来表达,如想在屏幕上输出字符串 This is character 'a',则必须使用:

```
cout<<"This is character \'a\'";
```

如想在屏幕上输出表示路径的字符串 C:\basic,则必须使用:

```
cout<<"C:\\basic";
```

请思考,若有语句 cout<<"C:\basic";,会得到什么? 为什么?

(3) 事实上,所有的 ASCII 码字符都可以用转义字符的形式表示,表示方法如下:

• \ddd: 反斜杠后用 1~3 位八进制数表示相应字符的 ASCII 码值。
• \xhh: 反斜杠后用 x 引导出 1~2 位十六进制数,表示对应字符的 ASCII 码值。

例 2-4 编程实现求圆锥体的体积并输出,要求圆锥的高及底面半径从键盘输入,假设输入的数据都是正数,因此程序中不必进行输入数据的合法性检查。

程序代码:

```
#include <iostream>
using namespace std;
#define PI 3.1415926
int main()
{
    double h,r, v;
    cout<<"请分别输入圆锥的高和底面半径: ";
    cin>>h>>r;                          //第三行
    v=PI*r*r*h/3;                       //第四行
    cout<<"该圆锥的体积是:"<<v<<endl;
    return 0;
}
```

程序执行效果(划线部分为输入):

请分别输入圆锥的高和底面半径:<u>3.1 4.5</u>↙
该圆锥的体积是:65.7378

程序分析及相关知识点:

(1) C++ 中没有专门的输入输出语句,它是通过系统提供的输入、输出流类来实现输入、输出操作的,流是同 C++ 语言工具捆绑的资源库。cin 是标准输入流类的一个对象,对应着标准输入设备,即键盘。C++ 用>>操作符将从键盘取得数据送到内存中,因此在 C++ 中,这种输入操作称为"提取"或"得到",>>常称为"提取运算符"。C++ 允许连续输入,如第三行所示,意味着将键盘输入的第一个实数赋给变量 h,将第二个实数赋给变量 r。注意,从键盘输入时,数据间只能用 Space/Enter/Tab 分隔,输入完成后按 Enter 键结束,如程序执行效果所示。任何其他的字符都不可以。请读者自行试验,如输入:

<u>3.1, 4.5</u>↙

会发生什么?

(2) 第四行的表达式中有除运算符/,对于该运算需要特别注意:如果除数和被除数都是整型或者整型子类,所得的结果就可能存在精度丢失。请读者自行试验,如果把第四行的代码改成下面的语句：

    v=1/3 * PI * r * r * h;

会发生什么？

2.2 实验内容

1. 输入如下程序，看看经过编译会出现哪些错误？请修改程序至没有错误。分析运行结果。

```cpp
#include<iostream>
using namespace std;
int main()
{
    sum=100;
    cout>>sum;
    return 0;
}
```

2. 输入如下程序，看看经过编译会出现哪些错误？请修改程序至没有错误。分析运行结果。

```cpp
#include <iostream>
using namespace std;
int main()
{
    int max=5;
    cout<<5max<<endl;
    cout<<"max"<<endl;
    return 0;
}
```

3. 输入如下程序，看看经过编译会出现哪些错误？请修改程序至没有错误。分析运行结果。

```cpp
#include <iostream>
using namespace std;
int main()
{
    int a=3, b=4;
    int c=2(a+b);
    cout<<"周长为"<<c<<endl;
    return 0;
}
```

4. 输入如下代码,编译后运行时分别输入如下 4 种情况(划线部分为输入):
①3 4.5↙、②3, 4.5↙、③3.5 4↙、④3 and 4.5↙,仔细分析运行结果,总结用 cin 进行
输入时的规则。

```cpp
#include <iostream>
using namespace std;
int main()
{
    int  a;
    float b;
    cout<<"please input:";
    cin>>a>>b;                          //输入一个整数和一个实数。
    cout<<a<<'\t'<<b<<endl;
}
```

5. 输入如下两段代码,对比、分析程序运行结果,并仔细体会输出缓冲区的作用。
提示:在定义流对象时(如输入流对象 cin 和输出流对象 cout),系统会在内存中开辟
一段缓冲区,用来暂存输入输出流的数据。在执行 cout 语句时,先把插入的数据顺序存
放在输出缓冲区中,直到输出缓冲区满或遇到 cout 语句中的 endl(或\n)为止,此时将缓
冲区中已有的数据一起输出,并清空缓冲区。

代码1:

```cpp
#include <iostream>
using namespace std;
int main()
{
    char c=186;
    cout<<c<<endl;
    cout<<"hello"<<endl;
    return 0;
}
```

代码2:

```cpp
#include <iostream>
using namespace std;
int main()
{
    char c=186;
    cout<<c;
    cout<<"hello"<<endl;
    return 0;
}
```

6. 编写 main 函数并在其中分别输入如下 4 段代码,对比、分析程序运行结果,并仔
细总结前增和后增运算的差异;然后将自增运算都换成自减运算,对比、分析程序运行结
果,并仔细总结前减和后减运算的差异。

代码1:

```cpp
int  a=10;
++a;                                //单独的前增操作
cout<<a<<endl;
```

代码2:

```cpp
int  a=10;
int  b=++a;                         //前增,但参与到了其他运算中,此处是赋值运算
```

```
cout<<a<<","<<b<<endl;
```

代码 3：

```
int   a=10;
a++;                                       //单独的后增操作
cout<<a<<endl;
```

代码 4：

```
int   a=10;
int   b=a++;                               //后增,但参与到了其他运算中,此处是赋值运算
cout<<a<<","<<b<<endl;
```

7. 通过如下程序进一步体会、总结自增运算的语法规则。

```
#include <iostream>
using namespace std;
int main()
{
    int i,j,m,n;
    i=8;
    j=10;
    m=++i+j++;                                    //第四行
    n=(++i)+(++j)+m;                              //第五行
    cout<<i<<'\t'<<j<<'\t'<<<m<<'\t'<<n<<endl;    //第六行
    return 0;
}
```

（1）运行程序,分析结果。

（2）将第四、五行改为：

```
m=i+++j++;
n=(i++)+(j++)+m;
```

再编译、运行,分析结果。

（3）将第六行改为：

```
cout<<++i<<'\t'<<++j<<'\t'<<++m<<'\t'<<++n<<endl;
```

再编译、运行,分析结果。

（4）将第六行改为：

```
cout<<i++<<'\t'<<j++<<'\t'<<m++<<'\t'<<n++<<endl;
```

再编译、运行,分析结果。

8. 假定有下列变量定义语句：

```
int a=3,b=5,c=0;
float x=2.5, y=8.2, z=1.4;
```

```
char ch1='a', ch2='5',ch3='0',ch4;
```

分析下列表达式的值及运算后表达式所涉及的各变量的值是什么？请编程验证。

(1) c=a++++b

(2) ch4=ch3-ch2+ch1

(3) c+=(b*(int)y)%a+z

(4) x=z*b++, b=b*x, b++

9. 添加代码以完成如下程序。该程序的功能是：根据输入的球半径(大于0)计算球的体积，并将计算结果显示在屏幕上。

```
#include <iostream>
using namespace std;
const float PI=3.14;
int main()
{
    int r;
    float volume;
    cout<<"请输入一个大于0的整数作为球的半径:";
    cin>>r;
    if(r>0)
    {
        volume=_____;
        cout<<"球的体积为"<<_____<<endl;
    }
    else
    {
        cout<<"输入的球半径不符合要求"<<endl;
    }
    return 0;
}
```

10. 编程实现一个矩形面积计算器。要求从键盘依次输入矩形的长和宽，然后输出其结果。程序的某次运行效果如下(有下划线的为用户的输入)：

请输入矩形的长:5.6↙
请输入矩形的宽:3.3↙
该矩形的面积为:5.6*3.3=18.48

11. 编程实现将一个英文字符串翻译成密码。译码规律是：对于英文字符串中的每个字母，用原字母后的第4个字母来代替原字母。例如，字母'A'后面第4个字母是'E'，那就用'E'代替'A'。若有英文字符串"China"就会被翻译成密码"Glmre"。请编写程序，定义5个字符型变量c1、c2、c3、c4、c5，并分别赋值为'C'、'h'、'i'、'n'、'a'，再按照上述规律译码转换，使c1、c2、c3、c4、c5的值分别变为'G'、'l'、'm'、'r'、'e'，最后输出这几个变量的值。

第 3 章 流程控制语句

上机实验目的

- 巩固基本运算符的用法。
- 理解并掌握程序的分支结构,掌握 if 语句、switch 语句的程序设计方法;理解并掌握 break 语句在分支程序中的用法。
- 理解并掌握程序的循环结构,掌握 for 语句、while 语句的程序设计方法;掌握循环语句的嵌套形式。
- 理解并掌握 continue、break 语句在循环结构程序中的用法,理解两者的差异。

3.1 例 题 解 析

例 3-1 编写程序实现输入年龄后可辨认此年龄的人适合看什么级别的电影。分级的规定为:每 6 岁为一级,普通级适合所有年龄层观看,保护级适合满 6 岁以上的人观看,辅导级适合满 12 岁以上的人观看,限制级适合满 18 岁以上的人观看。请分别利用 if 语句及 switch 语句完成。

程序代码之一:利用 if 语句实现。

```cpp
#include <iostream>
using namespace std;
int main()
{
    int age;
    cout<<"请输入年龄:";
    cin>>age;
    if(age<6)
        cout<<"适合看普通级"<<endl;
    else if(age<12)
        cout<<"适合看普通级,保护级" <<endl;
    else if(age<18)
        cout<<"适合看普通级,保护级,辅导级"<<endl;
    else
        cout<<"适合看普通级,保护级,辅导级,限制级"<<endl;
```

```
        return 0;
    }
```

程序代码之二：利用 switch 语句实现。

```
#include <iostream>
using namespace std;
int main()
{
    int age;
    cout<<"请输入年龄:";
    cin>>age;
    switch(age/6)
    {
        case 0: cout<<"适合看普通级 "<<endl; break;
        case 1: cout<<"适合看普通级,保护级 "<<endl; break;
        case 2: cout<<"适合看普通级,保护级,辅导级 "<<endl; break;
        case 3:
        default: cout<<"适合看普通级,保护级,辅导级,限制级 "<<endl;
    }
    return 0;
}
```

程序执行效果(4 次运行程序的结果如下,其中有下划线的内容表示键盘输入)：

请输入年龄:3↙
适合看普通级

请输入年龄:8↙
适合看普通级,保护级

请输入年龄:15↙
适合看普通级,保护级,辅导级

请输入年龄:34↙
适合看普通级,保护级,辅导级,限制级

程序分析及相关知识点：

(1) C++ 的 if 语句是用来判定所给的条件是否满足,根据判定的结果(真或者假)决定执行给出的两种操作之一,即结果为真时执行 if 后的语句,结果为假时执行 else 后的语句。if 语句一般有如下三种形式：

① if(表达式)　语句 1

这种形式没有 else 部分。这里的语句 1 可以是一条行末带分号的简单语句,也可以是由{}括起来的由多条语句构成的复合语句,此时{}一定不能丢。在某些特殊的情况下,语句 1 还可以是一条 if 语句,称为 if 语句的嵌套。这几点在后面两种形式中也适用。读者可以通过本章上机实验内容来加深对此的理解。

② if(表达式) 语句 1
  else   语句 2
③ if(表达式 1) 语句 1
  else   if(表达式 2)语句 2
  else   if(表达式 3)语句 3
   ⋮
  else 语句 n

这种形式称为多层嵌套的 if 语句。

(2) 多层嵌套的 if…else… 显然是为了那些可能需要进行多级判断才能做出选择的情况。C/C++ 为了简化这种多级判断,又提供了 switch 语句。switch 多分支语句的一般形式如下:

```
switch(表达式)
{
 case value1: 语句 1; break;
 case value2 : 语句 2; break;
  ⋮
 default: 语句 n;
}
```

(3) 对于 switch 语句,需要注意如下几点:

① 书写上:注意 case 与 value 之间应有空格。

② switch 括号中的表达式不能是一个范围(如 age<6),只能是整型、字符型或枚举型表达式,case 后 value 的类型必须与其匹配。因此在本例中,若用 switch 语句实现的话,应设法使每个年龄范围(如 age<6、6≤age&&age<12 等)与某个整型表达式对应起来。根据"每 6 岁为一级",结合使用整除运算完成规定的功能。

③ break 的作用:当希望执行完相应的 case 语句后能跳出 switch 语句,便应当将 case 与 break 语句联合使用。

④ default 分支的作用:若 switch 括号中的表达式与所有 case 后的 value 都不匹配,就执行 default 后面的语句。

(4) 本例中注意 case 3 后无操作,表明这时 case 3 和后续的 default 执行相同的操作。

例 3-2   利用 for 循环语句在屏幕上输出九九乘法表。

程序代码:

```
#include <iomanip>
#include <iostream>
using namespace std;
int main()
```

```
    {
        for(int i=1;i<=9;i++)
        {
            for(int j=1;j<=9;j++)
            {
                cout<<i<<"*"<<j<<"="<<setw(2)<<i*j<<"   ";
            }
            cout<<endl;
        }
        return 0;
    }
```

程序执行效果：

1*1=1	1*2=2	1*3=3	1*4=4	1*5=5	1*6=6	1*7=7	1*8=8	1*9=9
2*1=2	2*2=4	2*3=6	2*4=8	2*5=10	2*6=12	2*7=14	2*8=16	2*9=18
3*1=3	3*2=6	3*3=9	3*4=12	3*5=15	3*6=18	3*7=21	3*8=24	3*9=27
4*1=4	4*2=8	4*3=12	4*4=16	4*5=20	4*6=24	4*7=28	4*8=32	4*9=36
5*1=5	5*2=10	5*3=15	5*4=20	5*5=25	5*6=30	5*7=35	5*8=40	5*9=45
6*1=6	6*2=12	6*3=18	6*4=24	6*5=30	6*6=36	6*7=42	6*8=48	6*9=54
7*1=7	7*2=14	7*3=21	7*4=28	7*5=35	7*6=42	7*7=49	7*8=56	7*9=63
8*1=8	8*2=16	8*3=24	8*4=32	8*5=40	8*6=48	8*7=56	8*8=64	8*9=72
9*1=9	9*2=18	9*3=27	9*4=36	9*5=45	9*6=54	9*7=63	9*8=72	9*9=81

程序分析及相关知识点：

（1）本程序中使用了流控制符函数 setw 来设置每个乘式的积的输出域的宽度，表达式 setw(2)表示设置下一个输出（即 i * j）的输出域宽度为 2 列，这样就将输出排列为按整数右对齐的 9 列乘式。可以试着删除表达式 setw(2)，其编译过程不会出错，但输出结构就不会是 9 列对齐的乘式，有失美观。setw 通常还可以与设置填充字符的 setfill 及设置对齐方式的 left/right 等流控制符函数或指令一起使用。这些流控制符函数是在 iomanip 库中定义的，因此开头应包含预编译指令＃include ＜iomanip＞。注意，setw 的设置效果是"一次性"的，即设置仅对其后的一次输出有效，然后立即失效，恢复系统默认状态；而 left/right、setfill 则是一经设置，永久有效，除非重新设置。读者可以通过仔细分析如下语句的输出来体会这一点：

```
cout<<setw(4)<<27<<endl;
cout<<setw(4)<<setfill('$')<<27<<endl;
cout<<setw(4)<<setfill('$')<<left<<27<<endl;
cout<<27<<endl;
cout<<setw(5)<<27<<endl;
```

（2）在事先已经知道循环次数的情况下，使用 for 语句实现循环是很方便的；而在不知道循环次数的情况下，建议使用 while 循环。使用 for 循环语句的一般模式为：

for(循环变量赋初值;循环条件;循环变量增值或减值)

```
{
    循环体
}
```

（3）循环执行过程的"四步曲"（如图 3-1 所示）：

① 循环变量赋初值；

② 循环条件判断；

③ 条件为真则执行循环体，否则跳出循环执行 for 循环后面的语句；

④ 改变循环变量值，继续进行循环条件判断。

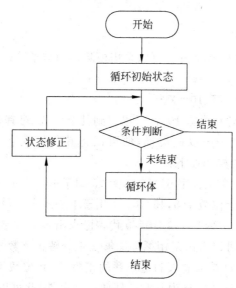

图 3-1　for 循环流程示意图

（4）for 循环的嵌套：一个循环体内又可以包含另一个完整的循环结构，构成多重循环，这就是循环的嵌套。本例中就要用到两重循环，外层循环控制被乘数按 1～9 逐一变化，内层循环实现对于同一个被乘数，乘数依次从 1 变化到 9。

例 3-3　任意输入一个正整数，将其各位数字分开，并按照如下格式反序输出：如输入 456，则输出 6　5　4。

程序代码：

```
#include <iostream>
using namespace std;
int main()
{
    int n, num;
    cout<<"请输入一个任意的正整数:";
    cin>>n;
    while(n!=0)
    {
        num=n%10;
```

```
        cout<<num<<" ";
        n/=10;
    }
    cout<<endl;
    return 0;
}
```

程序执行效果：

请输入一个任意的正整数：456↙
6 5 4

程序分析及相关知识点：

(1) 将一个正整数各位数字分开可以采用模除(%)与整除(/)运算相结合的方法。

- 模除取余：如 25％10＝5；
- 整除取整(商)：如 25/10＝2。

(2) 对于多位整数，对其模除 10，便可以得到其个位数；对其整除 10 之后的结果再模除 10，便可得到其十位数……以此类推，便可以将其各位数字分开。例如对于正整数 456，将其各位数字分开的操作如下：

① 456％10＝6，得到个位数字 6,456/10＝45 用于下一步求十位数字的操作；

② 45％10＝5，得到十位数字 5,45/10＝4 用于下一步求百位数字的操作；

③ 4％10＝5，得到百位数字 4,4/10＝0 代表已求出各位数字，操作完成。

(3) 从上述分析中，可以看出采用循环能够实现分解正整数 456 中各位数字的操作。但需要注意的是，因为题目要求输入的是任意的正整数，其位数不确定，所以循环的次数也无法预知，只知道当整除的结果为 0 时循环便可结束，因此可以采用 while 循环来处理这种情况，简洁明了。

例 3-4 编写一程序，让用户输入 4 位数字的密码，且提供三次输入机会，输入正确则显示"密码正确，欢迎您！"，否则显示"密码输入有误，请重新输入！"，提示用户重新输入。三次输入错误后，显示"连续三次输入错误，拒绝登录！"并结束程序。

程序代码：

```
#include <iostream>
using namespace std;
int main()
{
    int secret=4500;              //第一行,正确的密码
    int input;
    for(int i=0;i<3;i++)          //第三行
    {
        cout<<"请输入四位数的密码:";
        cin>>input;
        if(input==secret)         //第六行
        {
```

```cpp
            cout<<"密码正确,欢迎您!"<<endl;
            break;                          //第八行,跳出 for 循环
        }
        else   cout<<"密码输入有误,请重新输入!"<<endl;
    }
    if(i==3)                                //连续三次输入错误
    {
        cout<<"连续三次输入错误,拒绝登录!"<<endl;
    }
    else
    {
        //可以在这里加入正确登录后的一些操作,本例中省略
        cout<<"正常结束程序!"<<endl;
    }
    return 0;
}
```

程序执行效果(假设正确的密码是 4500,两次运行结果,有下划线的为输入):

请输入四位数的密码:<u>4321</u>↙
密码输入有误,请重新输入!
请输入四位数的密码:<u>4520</u>↙
密码输入有误,请重新输入!
请输入四位数的密码:<u>3333</u>↙
密码输入有误,请重新输入!
连续三次输入错误,拒绝登录!

请输入四位数的密码:<u>4321</u>↙
密码输入有误,请重新输入!
请输入四位数的密码:<u>4500</u>↙
密码正确,欢迎您!
正常结束程序!

程序分析及相关知识点:

(1) 如第三行所示,本题中使用 for 循环实现提供三次输入密码的机会。在第六行中,对于每一次猜密码的机会,使用相等比较"=="运算符来判断输入的密码是否等于正确的密码值。如果密码正确,则无须使用其他机会了,就使用 break 语句结束 for 循环。由此可见,循环不是非要等到循环条件(如本例中第三行的 i<3)不满足时才能结束的,C++ 允许使用 break 语句来跳出当前循环体。

(2) 对于多重循环中的 break 语句,需要注意的是 break 只能跳出包含它的最近的循环体,如下代码中 break 后应该执行位置 2 处的代码。注意,这里包含 break 的最近的循环体是第二个 for 循环,紧跟该循环的语句是位置 2 处的代码,因此 break 应跳出至位置 2,而位置 1 处的代码仍然属于第二个 for 循环的循环体,位置 3 处的代码则是紧跟第一个 for 循环的语句。

```
for(int i=1; i<100; i++)                        //第一个 for 循环
{
    for(int j=1; j<5; j++)                      //第二个 for 循环
    {
        if(j==2)
        {
            break;
        }
        cout<<"位置 1";                          //位置 1
    }
    cout<<"位置 2";                              //位置 2
}
cout<<"位置 3";                                  //位置 3
```

若希望 j＝＝2 时,跳至位置 3 处的代码,则通过设置一个 bool 型的标识变量来实现,如下:

```
bool flag=false;                                //标识变量先设置为 false
for(int i=1; i<100; i++)                        //第一个 for 循环
{
    for(int j=1; j<5; j++)                      //第二个 for 循环
    {
        if(j==2)
        {
            bool flag=true;                     //标识变量变更为 true
            break;
        }
        cout<<"位置 1";                          //位置 1
    }
    if(flag==true) break;                       //再次 break 跳至位置 3
    cout<<"位置 2";                              //位置 2
}
cout<<"位置 3";                                  //位置 3
```

(3) 思考:本题若将正确的密码设置为 0020,即将第一行语句改成 int secret＝0020,那么用户应输入什么才能输出"密码正确,欢迎您!"的字样?仔细分析为什么?

例 3-5　从键盘输入一个三位数,判断其是否为素数。
程序代码:

```
#include <iostream>
#include <cmath>                                //第二行
using namespace std;
int main()
{
    int x;
```

```
        cin>>x;
        if(100<=x && x<1000)              //第三行,如果 a 是一个三位数的话
        {
            int temp=(int)sqrt(x);        //第五行
            for(int k=2; k<=temp; k++)    //第六行
            {
                if(x%k==0)break;          //第八行
            }
            if(k>temp)                    //第十行
                cout<<x<<"是素数"<<endl;
            else
                cout<<x<<"不是素数"<<endl;
        }
        else
        {
            cout<<"必须输入一个三位数"<<endl;
        }
        return 0;
    }
```

程序执行效果(两次运行结果,有下划线的为输入):

<u>102</u>↙
102 不是素数

<u>101</u>↙
101 是素数

程序分析及相关知识点:

(1) 判断一个数 x 是否为三位数,即一个数是否落入区间[100,1000)之内,切记不能写成 if(100<=x<1000)(请仔细思考为什么? 提示:可从运算符的结合性及比较运算结果的类型进行思考)。

(2) 第五行的 sqrt 是 C++标准库中提供的求平方根的库函数名,使用该函数时需要使用预编译指令 include 包含头文件 cmath,如第二行所示。

(3) 根据素数的定义(一个整数 x 除了 1 和它本身之外,不能被其他任何数整除,则 x 为素数),若要判断一个大于 2 的数 x 是否是素数,应考察 2~x-1 之间是否有数能被 x 整除。事实上,只要考察到 x 的平方根向下取整的那个整数,即(int)sqrt(x)就可以了。若 2~(int)sqrt(x)之间没有数能被 x 整除,x 就是素数,否则只要有任一数能被 x 整除,x 就不是素数。在本题中,考虑到有两处需要使用(int)sqrt(x)的值,因此在第五行中就定义了一个变量 temp 来存储该值。

(4) 第六行的 for 循环语句实现的是从 2 到 temp 逐个考察是否有能被 x 整除的数。方法是:定义循环变量 k,k 的初值为 2,k 不能超过 temp,利用%运算判断 k 是否能被 x 整除(如第八行所示)。如果 k 能被 x 整除,x 就一定不是素数,那么就没有必要考察后续

k 值了，因此用 break 语句跳出循环。注意，此时若跳出循环，则对应的 k 值必然是小于或等于 temp 的。若 k 不能被 x 整除，则 k 加 1，需要继续考察下一个值。

（5）第六行 for 循环语句的结束只可能有两种情况：一是因为执行了第八行的break，这时意味着 x 不是素数，且 k 的值一定是小于或等于 temp 的；二是因为不满足第六行的循环条件 k≤＝temp，这时意味着已经从 2 到 temp 都考察过一遍了，没有发现有能被 x 整除的数，此时 x 一定是素数。因此，在第十行（也就是 for 循环结束后的第一条语句），通过判断 k 与 temp 的大小关系即可输出正确的结果。

例 3-6　求整数 1～100 的累加值，但要求跳过所有个位为 3 的数。

程序代码：

```cpp
#include <iostream>
using namespace std;
int main()
{
    int sum=0;
    for(int i=1; i<=100; i++)              //第二行
    {
        if(i%10==3)
        {
            cout<<"跳过"<<i<<' ';
            continue;
        }
        sum+=i;                            //第六行
    }
    cout<<endl;
    cout<<"所求的和为"<<sum<<endl;
    return 0;
}
```

程序执行效果：

```
跳过 3 跳过 13 跳过 23 跳过 33 跳过 43 跳过 53 跳过 63 跳过 73 跳过 83 跳过 93
所求的和为 4570
```

程序分析及相关知识点：

本题涉及的主要知识点是 continue 语句的用法。在 for 循环中执行 continue 后，循环体中 continue 语句后的语句将不被执行，如本题中第六行的 sum＋＝i。而需要特别注意的是，for 循环中“条件因子变化”，即第二行中的 i＋＋没有被跳过，会被执行一次，然后再尝试循环的下一遍。这一点与 while 循环是有不同的，请读者自行试验将本题中的 for 循环改成如下 while 循环，看看会发生什么？

```cpp
int i=1;
while(i<=100)
{
```

```
if(i%10==3)
{
    cout<<"跳过"<<i<<' ';
    continue;
}
sum+=i;
i++;                        //注意,在 continue 语句被执行后,这条语句将会被跳过
}
```

3.2 实 验 内 容

1. 为了得到如下所示的执行效果(两次运行结果,有下划线的为输入):

请输入圆的半径: 3↙
该圆的周长是:18.8496
该圆的面积是:28.2743

请输入圆的半径: −5↙
输入的半径不合理!

输入如下代码,看看经过编译会出现哪些错误? 修改程序直至能得到上述执行效果。

```
#include <iostream>
using namespace std;
const double PI=3.1415926;
int main()
{
    double r;
    cout<<"请输入圆的半径:";
    cin>>r;
    if(r>0)
        cout<<"该圆的周长是:"<<2*PI*r<<endl;
        cout<<"该圆的面积是:"<<PI*r*r<<endl;
    else
        cout<<"输入的半径不合理!"<<endl;
}
```

2. 如下程序的功能是:输入一个字符,判别它是否为大写字母,如果是,将它转换为小写字母;如果不是,不转换,然后输出最后得到的字符。补充完善该程序,注意此题中的 if 语句并不需要 else 部分。

```
#include <iostream>
using namespace std;
int main()
```

```
{
    char ch;
    cout<<"请输入一个英文字母:";
    cin>>ch;
    if(_____)                            //如果是大写字母
        _____;                           //转换为小写字母
    cout<<"该英文字母是小写的"<<ch<<endl;
    return 0;
}
```

3. 添加代码以完成如下程序。该程序的功能是：从键盘输入一个任意的两位数,将其十位数字和个位数字交换后输出。

```
#include<iostream>
using namespace std;
int main()
{
    int num;
    cout<<"请输入一个两位正整数:";
    cin>>num;
    if(_____)                            //如果输入的是两位正整数
    {
        int a=_____;                     //a用来存放原数的个位数
        int b=_____;                     //b用来存放原数的十位数
        int result=_____;                //result用来存放要求的结果
        cout<<"将"<<_____<<"的个位和十位数字交换后为"<<_____<<endl;
    }
    else cout<<"输入的不是两位正整数!"<<endl;
    return 0;
}
```

4. 有一个函数如下,编程实现从键盘输入 x 值后能计算并输出相应的 y 值。

$$y = \begin{cases} x & (x < 1) \\ 2x-1 & (1 \leqslant x \leqslant 10) \\ 3x-11 & (x > 10) \end{cases}$$

5. 添加代码以完成如下程序。该程序的功能是：逐个输入每个学生的百分制分数（设分数均为整数）,输入为负数或大于 100 时结束。要求按 90~100、80~90、70~79、60~69、60 分以下 5 档分别统计各分数段的学生人数,用 switch 语句编写程序。

提示：采用 while 循环实现,定义 5 个计数变量,分别用于统计 5 个分数段的人数,当学生成绩属于某一分数段时,将相应的计数变量值加 1 即可。

```
#include<iostream>
using namespace std;
int main()
```

```cpp
{
    int score;
    int a=0,b=0,c=0,d=0,e=0;        //定义 5 个计数变量,初始值都为 0
    cin>>score;
    while(_____)
    {
        switch(_____)
        {
        case 10:
        case 9:_____
        case 8: b++;break;
        case 7: c++;break;
        case 6: d++;break;
        default:
            _____
        }
        _____                     //通过读入下一个成绩来改变循环状态
    }
    cout<<"90-100:"<<a<<endl;
    cout<<"80-89:"<<b<<endl;
    cout<<"70-79:"<<c<<endl;
    cout<<"60-69:"<<d<<endl;
    cout<<"<60 分以下: "<<e<<endl;
    return 0;
}
```

6. 添加代码以完成如下程序。该程序的功能是:求 $1!+2!+3!+4!+\cdots+12!$ 的值。再思考:该题应怎样改进,可以将两重嵌套的 for 循环改成仅用一个循环实现?请编程实现。

```cpp
#include <iostream>
using namespace std;
int main()
{
    int mul,sum=0;
    for(int i=1;i<=12;i++)
    {
        _____
        for(int j=1;j<=i;j++)
            _____
        sum+=mul;
    }
    cout<<"所求结果为"<<sum<<endl;
    return 0;
}
```

7. 添加代码以完成如下程序。该程序的功能是：从键盘输入若干个整数（输入为非正数时结束输入），输出其中的素数，统计素数的个数，最后输出。

```cpp
#include <iostream>
#include<cmath>
using namespace std;
int main()
{
    int x;
    int count=_____;                    //count 用于统计输入的素数总个数
    cout<<"请输入一个整数(输入负数结束):";
    cin>>x;
    while(x>0)
    {
        int m=(int)sqrt(x);
        int i;
        for(i=2;i<=m;i++)
            if(_____)break;
        if(_____)
        {
            cout<<x<<"是素数"<<endl;
            _____;
        }
        cout<<"请输入一个整数(输入负数结束):";
        cin>>x;
    }
    cout<<"输入的素数的总个数是:"<<count<<endl;
    return 0;
}
```

8. 对比如下 4 段代码，分析程序运行结果，仔细体会 while 循环、for 循环中 break 语句和 continue 语句的差异。

代码 1：

```cpp
int main()
{
    int i=1;
    while(i<5){
        if(i==3)break;
        cout<<i;
        i++;
    }
    cout<<endl<<i<<endl;
    return 0;
}
```

代码 2:

```cpp
int main()
{
    int i=1;
    while(i<5){
        if(i==3)continue;
        cout<<i ;
        i++;
    }
    cout<<endl<<i<<endl;
    return 0;
}
```

代码 3:

```cpp
int main()
{
    for(int i=1; i<5;i++){
        if(i==3)break;
        cout<<i ;
    }
    cout<<endl<<i<<endl;
    return 0;
}
```

代码 4:

```cpp
int main()
{
    for(int i=1; i<5;i++){
        if(i==3)continue;
        cout<<i ;
    }
    cout<<endl<<i<<endl;
    return 0;
}
```

9. 添加代码以完成如下程序。该程序是一个"人性化"的判别奇数、偶数程序,不仅可以实现重复多次的奇偶数判别,还可以在用户输入 0 结束程序时进行确认。某次程序执行效果如下所示:

请输入一个整数(输入 0 结束):43↙
这是一个奇数!
请输入一个整数(输入 0 结束):50↙
这是一个偶数!
请输入一个整数(输入 0 结束):0↙

你真的不想继续计算了么？(Y:真的结束 / N:继续计算)N✓
请输入一个整数(输入 0 结束)：66✓
这是一个偶数！
请输入一个整数(输入 0 结束)：0✓
你真的不想继续计算了么？(Y:真的结束 / N:继续计算)Y✓

```cpp
#include <iostream>
using namespace std;
int main()
{
    int num;
    do
    {
        cout<<"请输入一个整数(输入 0 结束):";
        cin>>num;
        if(_____)
        {
            cout<<"你真的不想继续计算了么？(Y:真的结束 / N:继续计算)";
            char c;
            cin>>c;
            if(c=='Y')_____;
        }
        else
        {
            if(_____)   cout<<"这是一个奇数!"<<endl;
            else cout<<"这是一个偶数!"<<endl;
        }
    } while(_____);
    return 0;
}
```

10. 添加代码以完成如下猴子吃桃问题：猴子摘下若干个桃子，第一天吃了桃子的一半多一个，以后每天吃了前一天剩下的一半多一个，到第十天，发现只剩下一个桃子，问猴子共摘了几个桃子？提示：以下代码采用递推法，即从最后一天逆推到第一天，需进行9次循环。

```cpp
#include <iostream>
using namespace std;
int main()
{
    int i,x=1;                      //最后一天只有一个
    for(i=1;i<10;i++)   x=_____;   //从一天前推到九天前
    cout<<"开始共有桃子"<<x<<"个"<<endl;
    return 0;
}
```

11. 添加代码以完成如下程序。该程序的功能是：利用反正切函数展开计算 π 的近似值，要求误差小于等于 10^{-5}，公式如 $\arctan(x) \approx x - \dfrac{x^3}{3} + \dfrac{x^5}{5} - \dfrac{x^7}{7} + \cdots$，当 $x=1$ 时，$\arctan(x)$ 的值即为 $\pi/4$ 的近似值，由此可得出 π 的近似值。

提示：本题采用递推法实现。递推法的关键在于写出递推通式，也就是找出从第 i 项到第 $i+1$ 项的规律，进而就可以由第 i 项递推出第 $i+1$ 项。本题初看每一项的递推通式不易写出，但若把每一项全看作奇数项，即把偶数项全看做 0，则可知本题中若第 i 项为 a，第 $i+2$ 项应为 $-a*x*x*i/(i+2)$。对每一个通项进行累加，直到通项的绝对值（求绝对值可用数学库函数 fabs）小于或等于要求的误差限（本题为 10^{-5}）时即可停止递推。

```cpp
#include<iostream>
#include<cmath>
using namespace std;
int main()
{
    double x, i, a, sum=0;
    //i表示当前考察项的序号,a表示第i项的值,sum表示所有项之和
    cout<<"请输入正切值:"<<endl;
    cin>>x;
    i=1;
    a=x;
    while(fabs(a)>=1e-5)
    {
        sum=_____;
        a=_____;                    //由当前项递推出下一项
        i=_____;
    }
    cout<<"圆周率的近似值为"<<4*sum<<endl;
    return 0;
}
```

12. 添加代码以完成如下程序。该程序的功能是：将一张 100 元钞票换成 10 元、5 元和 1 元钞票的组合，计算可能的组合数量并输出每种组合，在输出时屏幕每行输出三种组合。

提示：可采用穷举法实现，考虑 10 元最多 10 张，5 元最多 20 张，余下是 1 元。

```cpp
#include <iostream>
#include <iomanip >
using namespace std;
int main()
{
    int i,j,k,count=0;     //i是10元张数,j是5元张数,k是1元张数,count是组合总数
    for(_____)
    {
```

```
        for(_____)
        {
            k=_____;
            if(k>=0)
            {
                cout<<'('<<left<<setw(2)<<i<<','
                    <<setw(2)<<j<<', '<<setw(2)<<k<<')'<<'\t';
                _____;
                if(count%3==0) cout<<endl; //每行输出三种组合
            }
        }
    }
    cout<<endl<<count<<endl;              //注意:变量 count 不要写成 cout
    return 0;
}
```

13. 编程求 1000 之内的所有完全数并按照每行 8 个的格式输出。所谓完全数指的是一个数恰好等于它的所有因子和。所谓因子,就是可以被一个数整除的数(除了该数本身之外)。例如,6 有三个因子,分别是 1,2,3,而 6＝1＋2＋3,因此 6 就是一个完全数。

提示:该题应采用穷举法。可设计两重循环,外层循环实现 1～999 逐个考察 1000 以内的所有数,内层循环实现求当前被考察数的所有因子之和,并判断是否等于该数。

14. 添加代码以完成如下程序。该程序的功能是:利用迭代法求数 a 的平方根 x,迭代公式为 $x_{n+1}=\dfrac{1}{2}\left(x_n+\dfrac{a}{x_n}\right)$,要求前后两次求出的 x 之差的绝对值,即 $|x_{n+1}-x_n|$ 小于 10^{-5}。

提示:迭代法也称为辗转法,是一种不断用变量的旧值递推新值的过程。它是用计算机解决问题的一种基本方法。它利用计算机运算速度快、适合做重复性操作的特点,让计算机对一组指令(或一定步骤)进行重复执行,在每次执行这组指令(或这些步骤)时都从变量的原值推出它的一个新值。在利用迭代法求解问题的过程中,需要注意如下三点:

(1) 确定迭代变量。在可以用迭代算法解决的问题中,至少存在一个直接或间接地不断由旧值递推出新值的变量,这个变量就是迭代变量。

(2) 建立迭代关系式。所谓迭代关系式,是指如何从变量的前一个值推出其下一个值的公式(或关系)。迭代关系式的建立是解决迭代问题的关键,通常可以顺推或倒推的方法来完成。

(3) 对迭代过程进行控制。在什么时候结束迭代过程?这是编写迭代程序必须考虑的问题。不能让迭代过程无休止地重复执行下去。迭代过程的控制通常可分为两种情况:一种是所需的迭代次数是一个确定的值,可以计算出来;另一种是所需的迭代次数无法确定。对于前一种情况,可以构建一个固定次数的循环来实现对迭代过程的控制;对于后一种情况,需要进一步分析出用来结束迭代过程的条件。

```
#include <cmath>
#include <iostream>
```

```cpp
using namespace std;
int main()
{
    double a;
    cin>>a;
    double x1=1;                  //迭代变量的初始值先设为 1,也可以设为其他值
    double x2=0.5* (x1+a/x1);     //根据迭代关系式进行的第一次迭代
    while(_____)
    {
        x1=_____;
        x2=_____;
    }
    cout<<a<<"的平方根是"<<x2<<endl;
    return 0;
}
```

15. 用循环语句编程实现打印如下图案。

```
    %
   %%%
  %%%%%
 %%%%%%%
  %%%%%
   %%%
    %
```

提示:该题的难点在于三角形中每一行左边空格数量的控制。可以分为上三角和下三角两部分分别处理左边的空格,寻找规律,用循环实现。

16. 编程求出所有的"水仙花数",并按每行输出两个的方式输出所有的水仙花数。所谓的"水仙花数"是指一个三位数,其各位数字的立方和等于该数本身。例如,153 是水仙花数,因为 $153＝1^3＋5^3＋3^3$。

17. 编程判断一个正整数是否为对称三位数素数。所谓"对称"是指一个数倒过来还是该数。例如,375 不是对称数,因为倒过来变成了 573。如果该数是对称三位数素数,则程序输出 Yes,否则输出 No。

18. 利用迭代法编程解决如下问题:一个饲养场引进一只刚出生的新品种兔子,这种兔子从出生的下一个月开始,每月新生一只兔子,新生的兔子也如此繁殖。如果所有的兔子都不死去,问到第 12 个月时,该饲养场共有兔子多少只? 输出兔子的数量。

思考:如果该题改为:"这种兔子从出生的第三个月开始,每月新生一只兔子",同样问到第 12 个月时,该饲养场共有兔子多少只? 该如何修改程序。

19. 编程求解如下母牛问题:假设单性繁殖成立,若一头母牛从出生起的第 4 个年头开始,每年生一头母牛,而出生的小母牛在之后的第 4 年也开始具有生殖能力。按此规律,第 n 年($1≤n≤40$)时有多少头母牛?输出第 n 年时的母牛数。如当 n 为 9 时,对应的母牛数应为 13。

20. 编程判断某个正整数 n 是否能整除 3,5,7。对于 n,输出其整除的状态:只能整除 3,不能整除 5,7,则输出 3;只能整除 5,不能整除 3,7,则输出 5;只能整除 7,不能整除 3,5,则输出 7;只能整除 3,5,不能整除 7,则输出 3,5;只能整除 3,7,不能整除 5,则输出 3,7;只能整除 5,7,不能整除 3,则输出 5,7;能整除 3,5,7,则输出 3,5,7;不能整除 3,5,7,则输出 None。

上机实验目的

- 熟悉定义函数的方法、函数实参与形参的对应关系及"值传递"的方式。
- 熟悉全局变量、局部变量、静态局部变量的概念和使用方法；学会使用函数参数传递来避免使用全局变量。
- 掌握函数递归调用的方法。
- 掌握函数的重载、带默认参数值的函数。
- 了解条件编译；掌握多文件的程序的编译和运行的方法。

4.1 例题解析

例 4-1 分析如下程序的运行结果,理解值传递的单向性。

程序代码:

```cpp
#include <iostream>
using namespace std;
void fun(int a);
int main()
{
    int a=3;                 //main 函数的局部变量 a
    fun(a);
    cout<<a<<endl;
    return 0;
}
void fun(int a)              //a 是 fun 函数的形参,相当于是 fun 函数中的一个局部变量
{
    a=a+10;
}
```

程序执行效果:

3

程序分析及相关知识点:

C++中,主调函数和被调函数之间通过参数实现数据传递。本例中,主调函数 main 与被调函数 fun 间通过"值传递"的形式传递在 main 函数中定义的局部变量 a 的值。由于此处实参变量对形参变量的数据传递是"值传递",只能单向地将实参的值传递给形参,而后在被调函数中对形参的任何修改都不会再影响到实参。这一点类似于在 Windows 系统中将某磁盘(如 C 盘)中的某文本文件 a. txt 复制到另一磁盘(如 D 盘)中,即使文件名仍然叫 a. txt,然后对 D 盘中的副本文件进行修改,这个修改将不会影响到 C 盘中的原文件。因此,尽管在函数 fun 中将局部变量 a 的值改变成了 13,但回到 main 函数中,main 函数的局部变量 a 的值仍然是 3。

例 4-2 编写不同版本的 max 函数,使用函数重载,要求:

① 整数版的,其原型为 int max(int a, int b)。

② 单精度实数版的,其原型为 float max(float a, float b)。

③ 三个参数版的,其原型为 int max(int a, int b, int c)。

程序代码:

```cpp
#include <iostream>
using namespace std;
int max(int a,int b)
{
    return(a>b)?a:b;
}
float max(float a,float b)
{
    return(a>b)?a:b;
}
int max(int a,int b,int c)
{
    if(a>b)   return(a>c)?a:c;
    else   return(b>c)?b:c;
}
int main()
{
    int a,b,c;
    float fa,fb;
    cout<<"测试整数版 max 函数,请输入两个正整数:";
    cin>>a>>b;
    cout<<"结果为:"<<max(a,b)<<endl;
    cout<<"测试单精度浮点数版 max 函数,请输入两个单精度浮点数:";
    cin>>fa>>fb;
    cout<<"结果为:"<<max(fa,fb)<<endl;
    cout<<"测试三个整数版 max 函数,请输入三个整数:";
    cin>>a>>b>>c;
    cout<<"结果为:"<<max(a,b,c)<<endl;
```

```
        return 0;
    }
```

程序执行效果：

测试整数版 max 函数,请输入两个正整数:<u>3   4</u>✓

结果为: 4

测试单精度浮点数版 max 函数,请输入两个单精度浮点数:<u>3.1   3.5</u>✓

结果为:3.5

测试三个整数版 max 函数,请输入三个整数:<u>3   4   5</u>✓

结果为:5

程序分析及相关知识点：

(1) 在 C++ 中,可以将语义、功能相似的几个函数用同一个名字表示,就是函数重载。例如,在本例中,求两个整数中的最大值、求两个单精度浮点数中的最大值、求三个甚至多个整数中的最大值,这都是求最大值的操作,功能相似,可以用同一个函数名 max 来命名这些函数。但是几个同名的重载函数仍然是不同的函数,实际调用时,如何区分这些同名函数呢? 也就是根据同一个名字,如何精确地选择一种操作呢? C++ 编译器事实上能根据函数参数的类型、数量和排列顺序的差异来区分同名函数,这称为重载技术。如本例中的三个重载函数 max,①与②的参数个数相同,但类型不同,③的个数与①、②均不相同,所以这些函数可以被 C++ 编译器正确区分,就可以实现重载。

(2) 一般来说,C++ 编译器按参数类型、参数排列顺序、参数数量的差异,依照下列三个步骤的先后顺序找到匹配的函数并调用之：

① 寻找一个严格匹配(参数类型、个数、顺序均一致),如果找到了,就用那个函数；

② 通过相容类型的隐式转换寻求一个匹配,如果找到了,就用那个函数；

③ 通过用户定义的转换寻求一个匹配,若能查出有唯一的一组转换,就用那个函数。

在本例 main 函数中三次调用 max 函数,每次都能根据上述规则①,根据传递给 max 函数的参数寻找到一个严格的匹配,从而正确地选择合适的重载函数。可以通过在 max 函数调用处设置断点、按 F11 键跟踪进入被调函数的方法来测试究竟调用了哪个函数。

(3) 读者可以自行试验：若是去掉第②个 max 函数,只定义重载函数 int max(int a, int b)和 int max(int a,int b,in c),再运行本程序,会得到什么结果?

例 4-3 阅读如下程序,注意静态局部变量的作用,写出运行结果。

程序代码：

```
#include<iostream>
using namespace std;
void func();
int n=1;
int main()
{
    int x=5;
    int y;
    y=n;
```

```
        cout<<"Main--x="<<x<<", y="<<y<<", n="<<n<<"\n";
        func();
        cout<<"Main--x="<<x<<", y="<<y<<", n="<<n<<"\n";
        func();
        return 0;
    }
    void func()
    {
        static int x=4;
        int y=10;
        x+=2;
        n+=10;
        y+=n;
        cout<<"Func--x="<<x<<", y="<<y<<", n="<<n<<"\n";
    }
```

程序执行效果：

```
Main--x=5,y=1,n=1
Func--x=6,y=21,n=11
Main--x=5,y=1,n=11
Func--x=8,y=31,n=21
```

程序分析及相关知识点：

本例程要求深刻理解全局变量、局部变量、静态变量的含义。

（1）全局变量是在任何函数的外部声明或者定义的,如本例中的变量 n。全局变量可以被"能看见它的"所有函数访问,如本例中的 main( )、func( )都可以访问 n。在程序运行期间,全局变量一直都存在。

（2）局部变量是在函数中定义的变量,只在本函数体中有效,当函数被调用时建立,调用返回时被销毁,下一次函数被调用时再重新被建立。不同函数内定义的局部变量位于不同的内存空间中,可以取相同的名字。

（3）静态局部变量是在局部变量定义语句前面加上 static 关键字,如本例中 func 函数中的 x 变量。静态局部变量位于静态存储区（全局数据区）,未经初始化时其值为 0。一旦被建立,该变量便会一直存在,直到程序运行结束。函数第一次被调用时,静态局部变量被建立,当函数调用结束后该变量占用的存储单元不会被释放,在下一次该函数被调用时,该变量保留上一次函数调用结束时的值。静态局部变量的初始化语句只会执行一次。

例 4-4 利用递归实现求数列前 n 项之和,数列递推式为:

$$f_n = \begin{cases} 0 & n = 1 \\ 1 & n = 2 \\ 2f_{n-1} - f_{n-2} & n > 2 \end{cases}$$

程序代码：

```
#include <iostream>
using namespace std;
unsigned int f(unsigned int n)
{
    if(n==1) return 0;                    //第一行
    else if(n==2)return 1;                //第二行
    else return 2 * f(n-1) - f(n-2);      //第三行
}
int main()
{
    unsigned int n;
    unsigned int sum=0;                   //sum 用于存放数列的前 n 项之和
    cout<<"请输入正整数 n 的值:";
    cin>>n;
    for(unsigned int i=1;i<=n;i++)
    {
        sum=sum+ f(i);
    }
    cout<<"数列的前 n 项之和为 "<<sum<<endl;
    return 0;
}
```

程序执行效果:

请输入 n 的值:5↙
数列的前 n 项之和为 10

程序分析及相关知识点:

(1) 在执行某函数的过程中,又要直接或间接地调用该函数本身,称为函数的递归调用。形式上,递归是一个正在执行的函数调用了自身;实质上,程序在运行中虽然调用了相同代码的函数,但每次调用时,在栈空间中必须重新建立该函数的整套数据,由于每套数据中的参数值不同,导致计算条件发生变化,函数得以逐步逼近终极目标而运行。使用递归可以简化程序设计,增强程序的可读性;但也将导致程序开销(调用时间开销、栈内存空间开销)比非递归程序大,性能降低。

(2) 在本题中,数列中每一项的值取决于该项的序号,即 n 的值,因此在设计递归函数 f 时应有一个形参。而在函数内部,表示当 n 取值为 1 时,数列值为 0,应写成如标记中第一行的形式,即用 return 语句来表示函数的返回值为 0,而不能写成诸如 f=1 或 fn=1 等错误形式。

(3) 函数中需要有使递归结束的条件,递归不能无限制地调用下去。在本例中,递归的终止条件就是当 n 取值为 1 或者为 2 时。

例 4-5 用条件编译方法实现以下功能:输入一个字母字符,设置条件编译,使之根据需要将小写字母改成大写字母输出,或者将大写字母改为小写字母输出。用 #define 命令来控制是否要更改大小写。例如,若有 #define CHANGE 1 则要更改大小写,若为

#define CHANGE 0 则保持不变。

程序代码：

```cpp
#include <iostream>
#include <string>
using namespace std;
char change(char c);
#define CHANGE 1                          //第一处
int main()
{
    char c1;
    cout<<"请输入一个字母:";
    cin>>c1;
#if CHANGE
    cout<<c1<<"更改大小写后为:"<<change(c1)<<endl;
#else
    cout<<"原字母输出:"<<c1<<endl;
#endif
    return 0;
}
char change(char c)
{
    if(c>='A' &&c<='Z')     c=c-'A'+'a';
    else   c=c-'a'+'A';
    return c;
}
```

程序执行效果：

请输入一个字母:D↙
D更改大小写后为:d

将第一处改为#define CHANGE 0 后的执行效果如下：

请输入一个字母:D↙
原字母输出:D

程序分析及相关知识点：

（1）一般情况下，源程序中除注释外的所有行均参加编译，但有时希望对其中的一部分内容只有在满足一定条件的情况下才进行编译，如本文中只有在用#define命令定义了CHANGE标志符代表1后才进行change函数的调用，这就是对一部分内容指定编译的条件，称为"条件编译"。

（2）条件编译常用如下的形式：

```
#ifdef   标志符
    程序段 1
```

```
#else
    程序段 2
#endif
```

这种形式是指如果定义了标志符(即只要使用♯define 定义了标志符,而不管定义标志符的值为多少),就在程序编译阶段只编译程序段 1,否则就只编译程序段 2。其中 else 部分可以没有。

(3) 有时也采用如下的条件编译形式:

```
#if 表达式
    程序段 1
#else
    程序段 2
#endif
```

它的作用是当指定的表达式(该表达式可以是一个标识符)值为真(非 0)时就编译程序段 1,否则编译程序段 2。可以事先给定一定的条件,使程序在不同的条件下执行不同的功能,其中 else 部分可以没有。当表达式值为 0 时,可以起到类似于注释的作用。

4.2 实 验 内 容

1. 输入如下程序,仔细观察经过编译会出现哪些错误。

```
#include <iostream>
using namespace std;
void printstar()                        //定义 printstar 函数
{
    cout<<"**********"<<endl;           //输出 10 个"*"
int main()
{
    printstar();                        //调用 printstar 函数
    return 0;
}
```

2. 输入如下程序,观察经过编译会出现哪些错误,修改程序直至能正确运行,分析程序运行结果,仔细体会"函数实参应与形参的类型相同或赋值兼容、实参的个数应由形参的个数来决定",即"如何设置实参,取决于形参的需求"的原则。

```
#include <iostream>
using namespace std;
int max(int x, int y);
int main()
{
    int result;
```

```
    result=max("hello", 5);                    //第二行
    result=max(5.5, 5.8);                       //第三行
    result=max(3,4,5);                          //第四行
}
int max(int x, int y)
{
    if(x>=y)return x;
    else return y;
}
```

3. 输入如下代码,编译运行后仔细分析程序运行结果,理解静态局部变量和普通局部变量的异同。

```
void func()
{
    static int a=2;                             //a 为静态局部变量
    int b=5;                                    //b 为普通局部变量
    a+=2, b+=5;
    cout<<"a="<<a<<", b="<<b<<endl;
}
int main()
{
    func();
    func();
    return 0;
}
```

4. 添加代码以完成如下程序。该程序的功能是:求 2~200 之间的所有素数,并按照每行 5 个的格式输出。

```
#include <iostream>
#include <cmath>
using namespace std;
_____                                        //补充 prime 函数声明
int main()
{
    int i, count=1;           //count 用于统计素数个数,从 1 开始,因为先把 2 考虑进去
    cout<<2<<"  ";            //2 是唯一的一个偶数素数,也是第一个素数,先输出
    for(i=3; i<=200; i=i+2)                      //只考察 3~200 之间的所有奇数即可
    {
        if(_____)
        {
            cout<<i<<"   ";
            count=count+1;
            if(_____)cout<<endl;
        }
```

```
    }
    cout<<endl<<"2-200 间的素数个数为"<<count<<"个"<<endl;
    return 0;
}
bool prime(int x)                    //判断一个数 x 是否为素数,是则返回 true,否则返回 false
{
    int i;
    for(i=2;_____;i++)
    {
        if(_____)return false;
    }
    _____;
}
```

5. 添加代码以完成如下程序。该程序的功能是:验证哥德巴赫猜想,即任意一个大于 2 的偶数都可以表示成两个素数之和,如 4=2+2,6=3+3,10=3+7……在主程序中输入一个大于 2 的偶数,看是否能将其分解为两个素数之和,若能分解,则在屏幕上输出如下形式的式子:34=3+31;若不能分解,则在屏幕上给出"哥德巴赫猜想不成立"的字样。运行时输入测试的偶数值分别为 4,6,12,20,458,分析运行结果。

提示:验证的步骤如下(设输入的偶数为 x):

(1) 如果 x=4,输出结果 4=2+2(这是一种特殊情况)。

(2) 否则,逐个试验看能否将 x 分解成 i+(x−i)的形式,其中 i 和 x-i 必须都是素数,试验过程如下:

① 试验时 i 的初值应从 3 开始。

② 考察 i 和 x−i 是否均为素数,两者均是素数的话则输出结果 x=i+(x−i)。

③ 否则 i=i+2,转向执行步骤②。

从上述步骤看,在程序中需要多次判断一个数是否为素数,所以可将判断一个数 x 是否为素数的操作定义为一个返回值为 bool 型的函数,如果 x 是素数,则返回 true,否则返回 false。因此,此题仍可沿用本实验题 4 中判断素数的函数 prime,此处只给出 main 函数,不再给出 prime 函数定义。

```
int main()
{
    int x,i;
    cout<<"请输入想要验证的偶数值:";
    cin>>x;
    if(_____)cout<<"4=2+2"<<endl;
    else
    {
        for(i=3;i<=x/2;_____)
        {
            if(_____)
```

```cpp
            {
                cout<<x<<"="<<i<<"+"<<x-i<<endl;
                _____;
            }
        }
        if(_____) cout<<"哥德巴赫猜想不成立!";
    }
    return 0;
}
```

6. 添加代码以完成如下程序。该程序的功能是：从键盘输入几个正整数，求这几个数的最大公约数。当之前输入的所有数据的最大公约数已经为 1 或者已经输入了 10 个正整数时可以结束数据输入。

提示：对多个数求最大公约数时，先求出前两个数的最大公约数，将所得的最大公约数与第 3 个数求最大公约数，依此类推。因此，可以将求两个数的最大公约数的操作设计成一个功能函数，该函数应有两个输入及一个输出。可采用返回值的形式来实现输出。对两数求最大公约数可以采用辗转相除法，该方法的思路是：以两数中的第一个数作除数，第二个数做被除数，相除取余；若余数为 0，则除数为最大公约数，若余数不为 0，则将除数改做被除数，余数改做除数，继续相除取余……直至余数为 0 为止；在最后一次相除时所用的除数（即最后一个不为 0 的余数）就是所求两数的最大公约数。整个过程应借助循环实现。

```cpp
_____                              //补充 GCD 函数的声明
int main()
{
    int m,n;
    cin>>m;
    for(int i=0;i<9;i++)
    {
        cin>>n;
        _____;                     //调用 GCD 函数求 m,n 的最大公约数并将结果存放在 m 中
        if(m==1)_____;
    }
    cout<<"所输入数据的最大公约数为"<<_____<<endl;
    return 0;
}
int GCD(int m, int n)
{
    int r;                            //变量 r 用于存放余数
    do
    {
        r=_____;
        if(_____) return n;
```

```
        else
        {
            m=_____;
            n=_____;
        }
    }while(true);
}
```

7. 编写递归函数 double p(int n, double x) 实现求 n 阶勒让德多项式的值,并在主函数 main 中调用函数 p 求出 x 取值为 1.5 时 4 阶勒让德多项式的值。编写 p 函数时请依据下述数学递推式进行:

$$p_n(x) = \begin{cases} 1 & n = 0 \\ x & n = 1 \\ ((2n-1)*x - p_{n-1}(x) - (n-1)*p_{n-2}(x))/n & n > 1 \end{cases}$$

8. 编程实现求组合数 C_n^m,要求:

(1) 在主程序中设计一个循环,不断从键盘输入 n 和 m 的值,计算结果并输出,当用户输入 0 0 时,程序结束。

(2) 能检查输入数据的合法性,要求 $n \geqslant 1$、$m \geqslant 1$ 并且 $n \geqslant m$。

(3) 组合数的计算请依据如下数学递推式,设计递归函数实现:

$$C_n^m = \begin{cases} 1, & m = n \\ n, & m = 1 \\ C_{n-1}^{m-1} + C_{n-1}^m, & \text{上述两种情况除外} \end{cases}$$

(4) 某次程序执行效果如下所示,其中划线部分为用户输入。

请输入整数 m 和 n 的值:3 3↙
从 3 个不同的数中取 3 个数的所有选择的个数为:1
请输入整数 m 和 n 的值:3 4↙
从 4 个不同的数中取 3 个数的所有选择的个数为:4
请输入整数 m 和 n 的值:3 5↙
从 5 个不同的数中取 3 个数的所有选择的个数为:10
请输入整数 m 和 n 的值:4 3↙
输入的数据不合法,请重新输入!
请输入整数 m 和 n 的值: -4 5↙
输入的数据不合法,请重新输入!
请输入整数 m 和 n 的值: 0 0↙

9. 定义递归函数 int acm(unsigned int m, unsigned int n) 实现下面的 Ackman 函数:

$$Acm(m,n) = \begin{cases} n+1, & m = 0 \\ Acm(m-1,1), & n = 0 \\ Acm(m-1, Acm(n, n-1)), & n > 0, m > 0 \end{cases}$$

其中,m,n 为正整数,请设计 main 函数求 $Acm(2,1)$、$Acm(3,2)$。

10. 设计函数 digit，返回整数 num 从右边开始的第 k 位数字的值，例如：num 为 4647，k 为 3 时，返回 6；num 为 23523，k 为 7 时，超过了 num 的最大位数，则返回 -1。在 main 函数中调用 digit 函数进行验证，程序期待的运行效果如下（两种情况）：

请输入整数 num 及 k 的值：<u>4647　　3</u>✓
4647 从右边开始第 3 位数字的值是 6

请输入整数 num 及 k 的值：<u>4647　　7</u>✓
7 超过了 4647 的最大位数

11. 编写一个程序，该程序的功能是：输入任意一个正整数，如果该数是素数，则输出；否则找出一个大于它的最小素数并输出。程序期待的运行效果如下（两种情况）：

请输入一个正整数：<u>14</u>✓
大于 14 的第一个素数是 17

请输入一个正整数：<u>13</u>✓
13 是素数！

12. 编程实现：从键盘输入两个正整数，求这两个数的最小公倍数。并进一步思考：从键盘输入 5 个正整数，如何编程实现求这 5 个数的最小公倍数？

13. 设计函数 factors(num,k)，返回整数 num 中包含因子 k(k 不为 1) 的个数，如果没有该因子，则返回 0，在 main 函数中编程验证。如 num 为 28，k 为 2 时，由于 28＝2× 2×7，因子 2 出现了两次，故函数 factors(28,2) 返回值为 2；又如 num 为 33，k 为 5 时，由于 5 不是 33 的因子，因此函数 factors(33,5) 返回值为 0。

14. 采用多函数多文件结构解决如下问题：输入一个三角形的三条边的值(可以是小数)，首先检查输入数据的合法性，判断其能否构成三角形，若能构成三角形，则求所构成三角形的周长，否则给出错误信息并结束程序。要求如下：

(1) 添加文件 file2.cpp，并在其中自定义函数 isTriangle 判断由 a、b、c 三个数值能否构成三角形，能则返回 true，否则返回 false。

(2) 添加文件 file3.cpp，并在其中自定义函数 length 求由 a、b、c 组成的三角形的周长。

(3) 添加文件 file1.cpp，在其中编写主函数 main，在 main 函数中读入三条边长，调用函数 isTriangle 判断这三条边长能否构成一个三角形，能则调用函数 length 求其周长，并在 main 函数中输出；否则给出错误提示信息。

(4) 程序运行结果应如下所示(两种情形，划线部分为输入)：

请依次输入三角形的三条边值：<u>3 4 5</u>✓
能构成一个三角形
该三角形的周长是 12

请依次输入三角形的三条边值：<u>2 5 3</u>✓
输入数据有误，不能构成三角形！

提示：

（1）在一个项目中创建多个文件的方法如同在第1章中往项目中添加第一个源文件一样，可以依照相同的方式添加其他源文件或头文件。

（2）需要注意的是，在一个项目中，所有函数的定义体都只能出现一次，虽然这些函数的定义可以分布在不同的源文件中。当在不包含某函数定义的源文件中使用该函数时，需要遵循"先声明、后使用"的规则。

（3）可以将常用函数的声明写在一个头文件中，当需要在不同的源文件中调用这些函数时，只需要使用♯include指令包含相应的头文件就可以达到声明函数的目的。使用♯include预编译指令时，文件名可以用双引号或者尖括号括起来，若使用尖括号，编译器只到C++系统资源的默认路径下寻找要包含的文件，若找不到，则报编译错误，这称为标准方式；用双引号时编译器则先到（用户自定义的）工程中源文件的存放路径下寻找要包含的文件，如果搜索不到，编译器再到系统路径下寻找。

思考：在file1.cpp中可以将三条边长对应的变量定义成全局变量，用extern将它们扩展至file2.cpp和file3.cpp中，这样函数isTriangle和length就可以不用再设置参数，请编程验证。

第 5 章 数 组

上机实验目的

- 熟练掌握一维数组和二维数组的定义、元素访问、赋值和输入输出方法。
- 掌握字符数组和字符串函数的使用。
- 掌握与数组有关的一些算法。
- 掌握文件流的使用方法。

5.1 例 题 解 析

例 5-1 定义一个二维数组存储 5 位学生的 4 科考试成绩,如下所示(每一行代表一位学生,每一列代表一科成绩),要求编程计算每位学生的总分和平均分。

$$\begin{Bmatrix} 52 & 78 & 68 & 85 \\ 82 & 89 & 95 & 90 \\ 65 & 80 & 78 & 70 \\ 51 & 44 & 35 & 63 \\ 62 & 71 & 64 & 74 \end{Bmatrix}$$

程序代码:

```cpp
#include <iostream>
using namespace std;
int main()
{
    int score[5][4]={52,78,68,85,82,89,95,90,65,80,78,70,51,44,35,63,62,71,64,74};
    for(int i=0;i<=4;i++)               //索引值 i 的范围为 0-4,一行代表一位学生
    {
        int sum=0;                      //每个学生的总成绩先初始化为 0
        for(int j=0; j<=3; j++)         //索引值 j 的范围为 0-3,一列代表一门科目
        {
            sum+=score[i][j];
        }
        cout<<"第"<<i+1<<"个学生的总分为:"<<sum<<" 平均分为:"<<sum/4<<endl;
    }
```

```
    return 0;
}
```

程序执行效果：

第 1 个学生的总分为:283 平均分为:70
第 2 个学生的总分为:356 平均分为:89
第 3 个学生的总分为:293 平均分为:73
第 4 个学生的总分为:193 平均分为:48
第 5 个学生的总分为:271 平均分为:67

程序分析及相关知识点：

在本例程中，要求熟悉二维数组的定义及初始化、数组的元素访问两个知识点。

(1) 二维数组的定义与初始化。

二维数组的定义格式：

数组类型　数组名称[数组行数][数组列数];

本例中的数组可定义为：

```
int score[5][4];
```

在定义的同时进行赋值便是初始化，二维数组的初始化可以有以下几种形式：

① 分行赋值。

```
int score[5][4]={{52,78,68,85},{82,89,95,90},{65,80,78,70},{51,44,35,63},{62,
71,64,74}};
```

② 将所有元素写在一个花括号内，按元素排列顺序赋值。

```
int score[5][4]={52,78,68,85,82,89,95,90,65,80,78,70,51,44,35,63,62,71,64,74};
```

③ 在对所有元素都要赋初值的情况下，上述两种方式均可以省略行数，但列数不可省。

```
int score[ ][4]={{52,78,68,85},{82,89,95,90},{65,80,78,70},{51,44,35,63},{62,
71,64,74}};
int score[ ][4]={52,78,68,85,82,89,95,90,65,80,78,70,51,44,35,63,62,71,64,74};
```

也可以只对部分元素赋初值，其余元素自动为 0，更详细的介绍请查阅相关资料。

(2) 数组的元素访问。

一个数组严格地来说不能算是一个变量，真正可以称为变量的是数组中的每一个元素。因此数组的常见操作是针对它们的元素进行访问，可以依据数组中元素的下标对相应元素进行访问，语法如一维数组名[索引值 i];二维数组元素的访问与之类似，语法如：数组名[索引值 i][索引值 j]。需要注意的是，无论是一维还是二维数组，索引值 i 或 j 都必须小于相应维的大小。如在本例的二维数组 score[5][4]中，i 的取值范围应为 0～4,j 的取值范围应为 0～3。

例 5-2　采用 C++ 文件流来改进例 5-1,实现从图 5-1 的文件 a.txt 中读入学生成绩,计算分析后,将结果保存至另一个文件 b.txt 中。

程序代码:

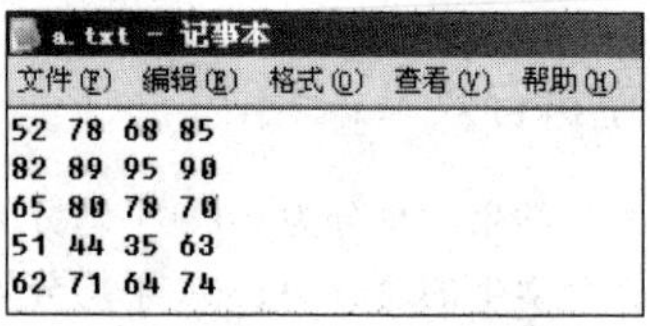

```cpp
#include <fstream>
using namespace std;
int main()
{
    ifstream fin("a.txt");
    ofstream fout("b.txt");
    int score[5][4]={0};            //初始化所有元素值为 0
    int i,j;
    for(i=0;i<=4;i++)
        for(j=0;j<=3;j++)
            fin>>score[i][j];
    for(i=0;i<=4;i++)
    {
        int sum=0;
        for(j=0;j<=3;j++)
        {
            sum+=score[i][j];
        }
        fout<<"第"<<i+1<<"个学生的总分为:"<<sum<<" 平均分:"<<sum/5<<endl;
    }
    return 0;
}
```

图 5-1 存储学生成绩的文本文件示意图

程序执行效果(程序执行完毕后,b.txt 文件截图)如图 5-2 所示。

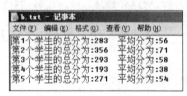

图 5-2 程序执行结果

程序分析及相关知识点:

本例中,程序会自动从当前工程路径下的 a.txt 文件中读取数据,并按行优先的次序依次赋值给 score 中的元素,计算结果保存在当前工程路径下的文件 b.txt 中,而屏幕上不会有任何输出。为了调试方便,可以根据需要增加适当的屏幕输出提示语句。此处需要注意的是,a.txt 中的各个数据之间只能以空格、Tab 制表位或 enter 换行符隔开,而不能以其他形式(如逗号等)隔开。若想以这些形式隔开,需要修改相应的文件读入代码,有兴趣者自行研究,此处不再详述。对文件流的使用应掌握如下几个知识点:

(1) 需要包含头文件 fstream。

(2) 需要以一定方式打开文件,也就是需要将实际的文件名(对应于磁盘上存储的一个文件)与自定义的文件流名称对应起来,如:

• ifstream fin("a.txt");   //将当前工程路径下的 a.txt 文件与输入文件
流对象 fin 对应起来

ofstream fout("c:\\b.txt");   //将 C 盘根目录下的 b.txt 文件与输出文件流
对象 fout 对应起来（注意,此处表示路径的\的写法需要使用转义字符）

（3）有了第（2）步的对应关系后,读、写文件的操作就分别对应了文件流的输入与输出操作,与标准 I/O 流的输入（cin,从键盘输入）和输出（cout,输出至屏幕上）操作基本相同。

- 如希望通过读入与 fin 对应的文件 a.txt 中的数据来实现为变量 a、c 赋值,可用下列语句:

  fin>>a>>c;

- 如希望将 a、c 之和以"所求的和是:a+c="的形式输出到 fout 对应的文件 b.txt 中,可用下列语句实现:

  fout<<"所求的和是:a+c="<<a+c<<endl;

例 5-3 编程实现任意输入两个字符串,用字符数组存储,比较这两个字符串是否相同。

程序代码:

```
#include <iostream>
using namespace std;
int main()
{
    char a[50],b[50];                   //定义两个字符数组 a、b,并假设其长度足够大
    int alen=0,blen=0;                  //定义两个整型数分别用来存储 a、b 的长度
    cout<<"请输入两个字符串:";
    cin>>a>>b;
    cout<<"输入的两个字符串"<<a<<"和"<<b<<"的比较结果是:";
    while(a[alen]!='\0')
        alen++;                         //计算 a 的长度
    while(b[blen]!='\0')
        blen++;                         //计算 b 的长度
    if(alen==blen)
    {
        for(int i=0;i<alen;i++)         //逐个字符进行比较
        {
            if(a[i]!=b[i]) break;       //如果有不同字符,则跳出循环
        }
        cout<<(i==alen?"两字符串相同":"两字符串不同")<<endl;
    }
    else
        cout<<"两字符串不同"<<endl;
    return 0;
}
```

程序执行效果：

三次运行程序的结果如下（划线内容为用户输入）：

请输入两个字符串：<u>acd　def</u>↙
输入的两个字符串 acd 和 def 的比较结果是：两字符串不同

请输入两个字符串：<u>abc　ab</u>↙
输入的两个字符串 abc 和 ab 的比较结果是：两字符串不同

请输入两个字符串：<u>abc　abc</u>↙
输入的两个字符串 acd 和 abc 的比较结果是：两字符串相同

程序分析及相关知识点：

在本例中，要比较两个字符串是否相同，可以先比较其长度，长度不同则肯定不同，长度相同时再逐个字符比较，若对应位置上每个字符都相同，则两字符串相同，否则不同。本例程要求熟悉并掌握下列关于字符数组的相关知识点：

（1）字符数组是用来存放和处理字符数据的数组。与普通的数组定义相似，字符数组的定义如下：

char 数组名称[数组元素个数];

（2）字符数组大多是用来存放字符串的。当字符数组所存放的最后一个字符是字符串结束符'\0'时，这样的字符数组称为字符串。因为字符串包含一个结束符'\0'，所以长度为 n 的字符串常量需要以 n+1 个字节的字符数组存放。通常以字符串常量来初始化字符数组，如：

char s[7]="hello!"   //此处数组的大小必须不小于 7

（3）特别要注意的是，若要输出一个字符数组或者字符串，则只需要执行下列语句即可：

cout<<s<<endl;

也就是说，输出字符数组名即可输出对应的字符串。这一点对于其他类型的数组，如整型数组等就不适用。可自行试验。

（4）利用 cin>>a>>b;输入字符串时，会自动以空格、Tab 制表符、换行符区分两个串，如：输入<u>acd def</u>，则自动将"acd"赋给 a，"def"赋给 b，编译器会自动在 a、b 的末尾追加一个结束符'\0'。

（5）学习掌握本例中计算字符串长度的方法（也可使用 C 串库函数 strlen 求字符串长度）。

（6）程序中使用条件运算符(i==alen?"两字符串相同":"两字符串不同")判断跳出for 循环时两个字符串是否比较完毕（即每个字符都已经匹配相同了）。如果 i 值不等于alen，则之前肯定执行过 break 语句，由此可判断两字符串不同；否则循环是执行到 i<alen 这个条件不满足了才结束的，由此可判断两字符串相同。

5.2　实　验　内　容

1. 添加代码以完善如下程序。该程序的功能是：随机产生 10 个 0~99 之间的整数，找出其中的最大值、最小值并输出。

```cpp
#include <iostream>
#include <cstdlib>
#include <ctime>
using namespace std;
int main()
{
    srand((unsigned)time(NULL));
    int a[10];
    for(int i=0;i<10;i++)
    {
        _____                    //产生一个 0~99 之间的随机整数并赋给 a[i]
        cout<<a[i]<<'\t';
    }
    cout<<endl;
    int max=_____, min=_____;     //变量 max 和 min 分别用于存放最大值和最小值
    for(i=1;i<10;i++)
    {
        if(a[i]>max)_____;
        if(a[i]<min)_____;
    }
    cout<<"最大值是 "<<max<<",最小值是 "<<min<<endl;
    return 0;
}
```

2. 一个办公家具厂希望编程实现产品代码的设计。该厂出售三种颜色的椅子和桌子。所有的产品代码包含 5 个字符：如果该产品是一把椅子，则前三位字符为 C47；如果该产品是一个桌子，则前三位字符为 T47。而后两位字符则用来表示颜色，41 代表红色，25 代表黑色，30 代表绿色。请编程实现下列功能：首先要求用户输入产品类型（如输入 T 代表桌子，而输入 C 代表椅子）；然后要求用户输入颜色（如输入 R 代表红色，B 代表黑色，G 代表绿色）；如果输入的类型和颜色是合法的（注意，输入不区分大小写），则生成产品代码，否则输出"Invalid choice of furniture type or color"。请尝试分别用字符数组和 string 类型来表示产品代码。

3. 添加代码以完善如下程序。该程序的功能是：随机生成一个 5×5 的方阵，要求该方阵中所有元素都是两位数（即大于等于 10 且小于 100），且该方阵的副对角线（指方阵左下角到右上角连线上的元素）上方元素都是偶数，副对角线和它下方元素都是奇数。

```cpp
#include <iostream>
#include <cstdlib>
#include <ctime>
using namespace std;
int main()
{
    srand((unsigned)time(NULL));
    int a[5][5]=_____;                    //定义一个5×5的方阵并将元素值全部初始化为0
    for(int i=0;i<5;i++)
    {
        for(int j=0;j<5;j++)
        {
            /* 这里需要先产生一个10~99之间的随机整数,如果temp为偶数且当前要赋值
            的元素,即a[i][j],位于副对角线上方,或temp为奇数且a[i][j]位于副对角线
            下方,则可将temp值赋给a[i][j],否则需重新产生一个随机数看是否满足上述条
            件。到底要产生多少个随机数才能满足条件,从而给数组元素赋值是不确定的,因
            此产生随机数的循环次数就无法确定,这里可以用while循环来重复产生一个新的
            随机数,一旦发现当前元素已被赋值(也就是其值不再为初始值0)就可以结束循
            环 */
            do
            {
                int temp=rand()%90+10;
                if(_____) a[i][j]=temp;
            }while(_____);
            cout<<a[i][j]<<'\t';
        }
        cout<<endl;
    }
    return 0;
}
```

4. 添加代码以完善如下程序。该程序的功能是:从键盘输入一个英文字母串(长度小于50),不区分大小写,统计其中出现频率最高的字母及其出现次数。例如:输入AAbbcadA,则在屏幕上输出"使用频率最高的是a,共出现4次",如果出现多个字母出现同样次数则输出多条结果。要求用字符数组存储串。程序执行效果如下:

请输入一个英文字母串(小于50个字母):AAbbcadAbB
使用频率最高的是a,共出现了4次
使用频率最高的是b,共出现了4次

提示:

(1) 统计各英文字母出现的次数,在不区分大小写的情况下共有26个字母,存储每个字母的出现次数需要用一个大小为26的一维数组来实现。

(2) 找出数组中的最大值,该最大值元素下标对应的字母出现次数最多。

（3）比较数组中的其他元素值是否与该最大值相等,如相等则也在屏幕上输出。

```cpp
int main()
{
    char str[50];
    int a[26]=_____;                      //定义一个数组并将元素值全部初始化为0
    cout<<"请输入一个英文字母串(小于50个字母):";
    cin>>str;
    int i=0, j;
    while(_____)
    {
        if(str[i]>='A' && str[i]<='Z')
            _____;                        //若为大写字母,则先转换为对应小写字母
        j=_____;
        a[j]=_____;
        i++;
    }
    int max=a[0];
    for(i=1;i<26;i++)                        //找出现最多的频次
    {
        if(_____)max=a[i];
    }
    for(i=0;i<26;i++)
    {
        if(a[i]==max)
            cout<<"使用频率最高的是"<<_____<<",共出现了"<<_____<<"次"<<
            endl;
    }
    return 0;
}
```

5. 添加代码以完善如下程序。该程序的功能是:将一个十进制数转换为指定的 R
（R 可以为二,八,十六）进制数并输出。函数 Tran 完成相应的转换功能,主函数 main 实
现输入一个十进制数并按指定格式输出转换后的 R 进制数。

```cpp
void Tran(int num, int r,char s[])
{
    int i=0;
    while(_____)
    {
        int t=_____;                      //t 存放余数
        if(t<10) s[i]=_____;              //将余数 0-9 转换为字符'0'-'9'
        else s[i]=_____;                  //将余数 10-15 转换为对应的十六进制字母'A'-'F'
        num=_____;
        i++;
```

```
        }
        //在如下空白处补充代码将字符串 s 逆置
        _____
        _____
        _____
        _____
    }
int main()
{
    int num,r;
    char s[33]="\0";
    cout<<"请输入待转换的十进制数:";
    cin>>num;
    cout<<"请输入希望转换到的进制(2,8 或者 16):";
    cin>>r;
    _____;                          //调用 Tran 函数实现要求的转换
    cout<<num<<"转换得到的"<<r<<"进制数为";
    switch(_____)
    {
    case 2: cout<<s<<endl;break;
    case 8: cout<<'0'<<s<<endl;break;
    case 16:cout<<"0x"<<s<<endl;break;
    }
    return 0;
}
```

6. 有 10 个整数按由大到小的顺序存放在一个数组中,然后输入一个数,要求使用二分查找法找出该数是数组中第几个元素的值,如果该数不在数组中,则打印出"无此数"。

```
#include <iostream>
using namespace std;
int binaryChop(int [],int,int);      //函数声明
int main()
{
    int array[10]={10,9,8,7,6,5,4,3,2,1};
    int num;
    cout<<"请输入一个待查找的整数:";
    cin>>num;
    int location=_____;            //调用函数 binaryChop 实现在 array 中查找数 num
    if(_____)
        cout<<"无此数"<<endl;
    else
        cout<<num<<"是数组中第"<<location<<"个元素值"<<endl;
    return 0;
}
```

```
int binaryChop(int a[], int n,int num)  //在数组 a 中二分查找数 num。n 为数组 a 的大小
{
    int low=_____,high=_____;
    while(low<=high)
    {
        int mid= (low+high)/2;
        if(_____)
            return mid;
        else if(a[mid]<num)
            _____;
        else
            _____;
    }
    return -1;
}
```

7. 有一行电文,已按如下规律译成了密码:A→Z,a→z,B→Y,b→y,C→X,c→x…即第 1 个大/小写字母变成了第 26 个大/小写字母,第 i 个大/小写字母变成了第(26-i+1)个大/小写字母……非字母字符不变。要求编程将密码译回原文,并打印出密码和原文。

提示:根据加密的规律,可以发现密文字母与字母'Z'或'z' 之间的差值刚好跟原文字母与字母'A'或'a'之间的差值相同。若字符型变量 ch 中事先存储了密文字母,经翻译后,再用 ch 存储原文字母,若密文字母是大写字母,则其对应原文字母 ch 的求解表达式为 ch='A'-(ch-'Z');若密文字母是小写字母,则其对应原文字母 ch 的求解表达式为 ch='a'-(ch-'z')。另外要注意两种解法中 getline 的不同用法。

解法 1:采用 string 型字符串变量来存储密码串。

```
#include <iostream>
_____                          //使用 string 类应包含的头文件
using namespace std;
int main()
{
    int j=0;
    string s;
    getline(cin,s);               //读入从键盘输入一行字符(包括空格、Tab 等)并赋给变量 s
    cout<<"输入的密码为:"<<_____<<endl;
    while(j<=s.size())
    {
        if(s[j]>='A'&&s[j]<='Z')
            _____;
        else if(s[j]>='a'&&s[j]<='z')
            _____;
        j++;
```

```
    }
    cout<<"原文为:"<<s<<endl;
    return 0;
}
```

解法 2：采用字符数组存储密码串。

```
#include <iostream>
using namespace std;
int main()
{
    int j=0;
    char s[80];                      //定义字符数组,长度固定,灵活性稍差
    cin.getline(s,80);
    cout<<"输入的密码为:"<<_____<<endl;
    while(_____)
    {
        if(s[j]>='A'&&s[j]<='Z')
            _____;
        else if(s[j]>='a'&&s[j]<='z')
            _____;
        j++;
    }
    cout<<"原文为:"<<s<<endl;
    return 0;
}
```

8. 编写一个程序,将字符数组 s2 中的全部字符复制到字符数组 s1 中,不要使用 strcpy 函数,假设数组 s2、s1 的大小均为 50,且已经足够大,s2 中的字符串需要从键盘输入。

9. 在文件 a.txt 中存放了一个如下所示 4 行 5 列的矩阵,要求编程求出其中值最小的那个元素的值,以及其所在的行号和列号。请结合编程需要,自行设计合理的 a.txt。

$$\begin{cases} 52 & 78 & 68 & 66 & 85 \\ 82 & 89 & 95 & 28 & 90 \\ 62 & 71 & 64 & 34 & 74 \\ 38 & 51 & 67 & 99 & 43 \end{cases}$$

10. 产生 20 个 20~40 之间的两位随机整数,找出出现次数最多的整数。程序运行结果如下(第一行数据是 20 个随机整数):

28 22 33 37 38 33 39 27 36 20 20 22 34 35 30 29 39 27 20 27
出现次数最多的是 20,27,出现了 3 次

11. 统计天数:对存于文件 a.txt 中的一些用字符串表示的日期,以及日期上所做的标记,按条件统计其天数。要求采用字符数组或者字符串变量来实现。文件 a.txt 的内

容如下：

```
Oct. 25 2003
Oct. 26 2003
Sep. 13 2003 *
Jun. 25 2002 *
```

文件中的每一行代表一个日期，它们统一按如下格式书写：XXX. DD YYYY，其中 XXX 代表英文月份的三位缩写；DD 代表日子，其前后各有一个空格；YYYY 代表年份。某些日期的 YYYY 后可能标有 ∗。现要求统计任何月份中凡是标有 25 号的日期数并输出。如果 25 号这一天后面标有 ∗，则该天应该加倍。本题中应输出 3。

12. 编程实现下面的功能：有一个整型数组 num，其各元素值依次为{23,44,28,12, 56,78,88,99,67}。从键盘输入一个数 t，并判断 t 是否在数组 num 中。若 t 在数组 num 中，则输出 t 在数组 num 中第一次出现时的下标值，并输出该元素之前（包括该元素）的所有元素之和；否则指明数组中不存在数 t。

13. 改错题。以下程序将一维数组中的素数放在数组的前面，其他元素放在数组的后面（认真观察如下程序执行效果，总结移动规律）。请改正如下程序代码中的错误。注意：改错时可以修改语句中的一部分内容，增加少量的变量说明、函数声明或者预编译指令，但不能增加其他语句，也不能删去整条语句。若一维数组为 a[12]＝{2,5,8,9,1,6, 11,7,12,7,0,10}时，要求程序执行效果如下：

```
2    5    11   7    7
10   0    12   6    1
9    8
```

```cpp
#include <iostream>
#include <cmath>
using namespace std;
int main()
{
    int a[12]={2,5,8,9,1,6,11,7,12,7,0,10};
    fun(a,12);
    for(int i;i<12;i++)
    {
        cout<<a[i]<<'\t';
        if((i+1)%5==0)cout<<'\n';
    }
    cout<<'\n';
    return 0;
}
int f(int n)                        //判断 n 是否为素数，是素数返回值 1，否则返回值 0
{
    if(n==0||n==1)return 0;
    int i,k=(int)sqrt(n);
```

```cpp
        for(i=2;i<=k;i++)
            if(n%i==0) return 0;
        return 0;
    }
    void fun(int p, int n)
    {
        int t;
        for(int i=0;i<n;i++)
        {
            if(f(p[i]))break;
            else t=p[i];
            for(int j=0;j<n-1;j++)
                p[j]=p[j+1];
            p[j]=t;
            n--;i--;
        }
    }
```

上机实验目的

- 通过实验进一步掌握指针的概念,会定义和使用指针变量。
- 会使用指针作为函数的参数;仔细理解函数的传值参数和传址参数的区别;加深对函数运行时的栈机制的理解。
- 能正确使用指向数组元素的指针;会使用指针变量作函数参数接收数组地址。
- 理解指向数组的指针的概念;会使用指向数组的指针作函数参数。
- 会使用字符指针指向一个字符串,掌握字符指针和其他类型指针的异同。
- 能正确使用引用型变量。

6.1 例 题 解 析

例 6-1 请仔细分析如下程序的功能。三个函数 swap1、swap2、swap3,其中 swap1 的参数是传值参数,swap2 的参数是引用参数,swap3 的参数是指针参数,仔细体会三者的区别。

程序代码:

```
#include <iostream>
using namespace std;
void swap1(int a , int b);
void swap2(int &a, int &b);
void swap3(int * a, int * b);
int main()
{
    int x,y;
    cout<<"测试传值参数,请输入两个整数:";
    cin>>x>>y;
    swap1(x,y);                          //调用 swap1
    cout<<"传值参数测试结果为:"<<x<<" "<<y<<endl;
    cout<<"测试引用参数,请输入两个整数:";
    cin>>x>>y;
    swap2(x,y);                          //调用 swap2
```

```
        cout<<"引用参数测试结果为:"<<x<<" "<<y<<endl;
        cout<<"测试指针参数,请输入两个整数:";
        cin>>x>>y;
        swap3(&x,&y);                    //调用 swap3
        cout<<"指针参数测试结果为:"<<x<<" "<<y<<endl;
        return 0;
}
void swap1(int a,int b)
{
        int temp;
        temp=a;a=b;b=temp;
}
void swap2(int &a,int &b)
{
        int temp;
        temp=a;a=b;b=temp;
}
void swap3(int * a,int * b)
{
        int temp;
        temp= * a; * a= * b; * b=temp;
}
```

程序执行效果:

测试传值参数,请输入两个整数:3 4✓

传值参数测试结果为: 3 4

测试引用参数,请输入两个整数: 3 4✓

引用参数测试结果为: 4 3

测试指针参数,请输入两个整数: 3 4✓

指针参数测试结果为: 4 3

程序分析及相关知识点:

(1) 在本例程中,要求熟悉函数的参数传递的两种类型:传值调用和传址调用,并加深对函数调用时栈机制的理解。函数未被调用时,函数的形参并不占用实际的内存空间,也没有值。只有在函数被调用时系统才为形参分配存储空间,并将形参与实参结合起来。函数的参数传递指的就是形参与实参结合的过程,结合的方式有传值和传址两种。

① 函数运行栈机制。每个函数的形参、局部变量都存放在操作系统分配给该函数的栈区内。不同函数拥有各自不同的栈区。在一个函数被调用时,其栈区建立;而当其返回时,栈区自动被系统收回。

② 函数的传值调用。在 C++ 中发生传值调用时,主调函数会给被调函数提供一份参数值的复制品,也就是说,形参是实参的一个复制品。理解这一点,要结合函数运行的栈机制。主调函数和被调函数是位于两个不同的栈空间中,通过传值调用,被调函数的栈空间中就有了实参的一个副本(实参位于主调函数栈空间中)。当调用发生后,程序执行

流程便会转向被调函数中,这时对该副本(也就是形参)的操作便不会影响到主调函数中的"原件"。当被调函数执行完毕,程序执行流程又返回到主调函数中,同时被调函数的栈空间被操作系统回收,副本不复存在,"原件"也不会有任何变化。所以,从这里可以看出传值调用是从实参到形参的一个单向的值传递。函数的参数使用传值参数的形式(如swap1)时,参数传递时采用的方式就如此。

③ 函数的传址调用。传值调用和传址调用的区别在于,使用传值调用时,函数接收到的是实参值的一份复制品;而使用传址调用时,函数接收到的是实参的指针,即实参变量的内存地址,相当于实参与形参指向了同一内存地址。因此,若是对该内存地址所存放的变量值进行修改,所做的改变在函数结束后也可以继续保留下去。举个通俗的例子,传值调用类似于在 Windows 系统中将某磁盘(如 C 盘)中的某文本文件 a.txt 复制到另一磁盘(如 D 盘)中(即使文件名仍叫 a.txt),然后对 D 盘中的副本文件进行修改,这个修改将不会影响到 C 盘中的原文件;而传址调用则是类似于在 Windows 系统中将某磁盘(如 C 盘)中的某文本文件 a.txt 发送了一个快捷方式至 D 盘中,然后通过双击该快捷方式打开的 a.txt 文件,实际上就是 C 盘中的 a.txt 文件,因此,此时对 a.txt 文件进行的所有修改实际上就是对 C 盘中 a.txt 文件在做修改。引用传递和指针传递就属于传址类型。

(2) 第一个函数 swap1 的参数是传值参数。虽然在 swap1 函数中将形参 a 和 b 的值进行了交换,但从运行结果可以看出,当 swap1 函数调用结束返回至主调函数 main 中后,main 中的变量 x 和 y 的值并没有达到交换的目的。这是因为这里采用的是传值调用,函数调用时传递的是实参的值,是单向传递过程,形参的改变并不会影响到实参。

(3) 第二个函数 swap2 的参数 a 和 b 是引用参数。引用是一个别名,建立时用另一个变量或对象对其进行初始化,此后引用便可作为目标的别名而使用,对引用做的改动实际上就是对目标的改动。函数调用时,将实参传递给引用形参,便建立了形参与实参之间的联系,即形参是实参的引用,对形参的修改便是对位于主调函数栈区内实参的修改,因此引用参数能起到传址参数的作用。需要注意的是,main 函数中对 swap2 的调用方式为swap2(x,y),形式上与值传递是一样的。

(4) 第三个函数 swap3 的参数定义为指针参数。形参 a、b(均为整型指针变量)接受的是实参 x 和 y 的内存地址 &x、&y,这样 a、b 也就分别指向了 main 函数中的变量 x、y,即 *a 代表了 x,*b 代表了 y。swap3 中交换 *a、*b 实际上就交换了变量 x、y 的值。swap3 通过传址调用成功地实现了交换。此处也需要注意 main 函数中对 swap3 的调用方式,因此需要用取地址运算符 & 取得整型变量 x、y 的内存地址,再传递给指针形参,需要写成 swap3(&x, &y)。

例 6-2 编写一个函数,将传入该函数的直角坐标值转换为极坐标值,并返回主调函数中。转换公式是:

$$c = \sqrt{x^2 + y^2} \quad q = \arctan(y/x)$$

程序代码:

```
#include <iostream>
#include <cmath>
using namespace std;
```

```
int main()
{
    int x,y;
    float c,q;
    bool flag=true;
    cout<<"请输入直角坐标值(x,y):"<<endl;
    cin>>x>>y;
    bool convert(int x,int y,float * c,float * q);      //函数声明也可放在此处
    flag=convert(x,y,&c,&q);
    if(flag)
    {
        cout<<"转换成功!";
        cout<<"直角坐标值("<<x<<","<<y<<")"
            <<"对应的极坐标是("<<c<<","<<q<<")"<<endl;
    }
    else
    {
        cout<<"x不能为0值,转换失败!";
    }
    return 0;
}
bool convert(int x, int y, float * c, float * q)
{
    if(x==0)
        return false;
    else
    {
        * c=sqrt(pow(x,2)+pow(y,2));
        * q=atan(y/x);
        return true;
    }
}
```

程序执行效果:

请输入直角坐标值<x,y>:
<u>0 20</u>✓
x不能为0值,转换失败!

请输入直角坐标值<x,y>:
<u>10 20</u>✓
转换成功!直角坐标值<10,20>对应的极坐标是<22.3607,1.10715>

程序分析及相关知识点:

(1)注意,本程序中convert函数的声明也可以放在main函数中。事实上函数声明

也是一条 C++ 语句,只要满足被声明的函数"先声明、后调用"的原则,其位置可以任意。

(2) convert 函数的形参 c、q 都是指针变量,因此在 convert 函数中计算结果是保存在 *c、*q 中,即指针所指向的变量中。

(3) 在本例程中要使用一些数学库函数,如 sqrt(求平方根)、pow(求幂)及 atan(求反正切函数),包含这些数学库函数的头文件为 cmath。关于这些函数的进一步说明及具体使用方法可查询 msdn 或其他资料,此处不再详述。

(4) 本例程要求掌握的知识点是将计算结果从被调函数传回到主调函数中的两种方法:一是通过设置函数返回值并使用 return 语句带回,二是通过传址参数带回。通过 return 语句以返回值带回的方式可读性好、易懂,但只能带回一个值,若有多个计算结果需要返回时,如本例程中的 c、q,用 return 语句就不够了,所以常采用传址参数来实现将多个计算结果返回到主调函数中的功能。而此时 return 语句就常用来返回函数的运行状态,如本例中若 x 为 0,转换函数就没有意义,所以在这种情况下有必要让主调函数知道转换状态,这里就可用 return 语句返回一个为 false 的 bool 值,这样可以提高程序的健壮性。

例 6-3 用递归法将一个整数 n 转换成逆序字符串,例如输入 483,应转换成逆序字符串"384"。n 的位数不确定,可以是任意位数的整数。要求在主程序中输入任意待转换的整数,并定义足够大的字符串空间用以存储转换后的结果(可以采用字符指针,并动态分配给其足够大的内存空间或者采用字符数组来实现)。

程序代码:

```cpp
#include <iostream>
using namespace std;
void convert(int n,char * p);    //convert 函数声明
int main()
{
    char * str=new char[10];
    if(str==NULL)                //一个好的编程习惯:检查 new 所返回的指针值是否为 NULL
    {
        cout<<"内存分配失败,程序退出!";
        return 0;
    }
    int n;
    cout<<"请输入一个整数:";
    cin>>n;
    convert(n, str);             //将 n 及存储结果字符串的指针 str 传递给 convert 函数
    cout<<"转换后的字符串为:"<<str<<endl;
    delete [] str;
    str=NULL;                    //一个好的编程习惯:delete 之后,再将相应指针变量设置为 NULL
    return 0;
}
void convert(int n, char * p)    //*p 用于存储转换后的字符
```

```
{
    while(n!=0)
    {
        char c='0'+n%10;              //将数字 0~9 转换为对应的字符'0'~'9'的普适方法
        * p=c;
        p++;
        n=n/10;
    }
    * p='\0';                          //最后一位字符转换结束后,给 str 字符串加上结束标记'\0'
}
```

程序执行效果：

请输入一个整数：<u>1273</u>✓
转换后的字符串为：3721

程序分析及相关知识点：

(1) 本程序的设计思想是：将一个整数的各位数字分开并转换为相应的字符。如1273,可通过%运算得到其个位数字 3,而字符'3'的 ASCII 码即为字符'0'的 ASCII 码值加3,这个关系对于其他 0～9 之间的数字转换为对应的字符也同样适用,因此在 convert 函数中用 char c='0'+n%10;便可将 n 的个位数字分开并转换为相应的字符。利用循环,结合/运算,可以依次得到 n 的十位数字、百位数字……

(2) 本程序中还需要注意的是 convert 第二个参数的作用。这里设置为字符指针 p,而在 main 函数中调用 convert 时,将 str 指针传递给 p,p 指向了刚配置好的动态字符数组的首地址。随后每循环一次,便将转换的字符存入 * p,同时将 p 往后移动一个位置(p++),即指向下一个字符,当转换结束后,往 p 所指位置填入'\0'即可,主函数中的 str 指针所指向的字符串也被赋值成希望的结果。在这里又再一次体会到了指针参数的作用。

(3) 本题中还应学会使用 new/delete 运算符进行动态堆内存的分配和释放。在 C++ 中,new 和 delete 被当作像＋、－、＊、／一样的操作符。new 的操作结果是奉命申请一段指定数据类型大小的内存,new 将做两件事：一是主动计算指定数据类型需要的内存空间大小；二是如果内存分配成功,则返回正确的指针类型,否则返回 NULL。因此,如本题,一个良好的编程习惯是检查 new 所返回的指针值是否为 NULL,如果不是,再使用该指针。delete 的操作结果是奉命回收某个指针指向的内存空间。需要注意的是,此处的"某个指针指向的内存空间"必须是经由 new 动态申请的空间。请读者自行试验如下代码,看看会发生什么？

```
int main()
{
    int a=100;
    int * p=new int[5];
    p=&a;                              //第三行
    delete [] p;
```

}

提示：当执行完第三行后，p 便指向了位于 main 函数栈空间中的变量 a，此时不可对 p 执行 delete 操作；而经由 new 申请到的空间再也无法访问到，造成内存泄漏。

例 6-4 阅读如下程序，仔细体会遍历数组的 5 种方法。

程序代码：

```cpp
#include <iostream>
using namespace std;
int main()
{
    int sum[5]={0};                    //sum 数组用来存放 5 种方法的结果
    int array[]={1,4,2,7,13,45,32,16};
    int size=sizeof(array)/sizeof(*array);
    int *p=array;                      //整型指针 p 指向数组 array 的首地址
    int i;
    for(i=0;i<size;i++)                //方法 1
        sum[0]+=array[i];
    for(i=0;i<size;i++)                //方法 2
        sum[1]+=p[i];
    for(i=0;i<size;i++)                //方法 3
        sum[2]+=*(array+i);
    for(i=0;i<size;i++)                //方法 4
        sum[3]+=*(p+i);
    for(i=0;i<size;i++)                //方法 5
        sum[4]+=*p++;
    for(int n=0;n<5;n++)
        cout<<"用第"<<n+1<<"种方法所求得的和是:"<<sum[n]<<endl;
    return 0;
}
```

程序执行效果：

用第 1 种方法所求得的和是:120
用第 2 种方法所求得的和是:120
用第 3 种方法所求得的和是:120
用第 4 种方法所求得的和是:120
用第 5 种方法所求得的和是:120

程序分析及相关知识点：

在本例程中，要求体会并掌握如下 4 个知识点：数组名代表数组的首地址，可以赋给同类型指针的概念；指针的加减操作及增量操作；指针的间接访问操作；sizeof 操作符的用法。

（1）使用 sizeof 操作符的一般形式：

sizeof(变/常量或字面值常量或类型名称)

使用 sizeof 操作符,可以得到其后括号内操作数在内存中所占的字节数,其操作数可以是某个变/常量或字面值常量,也可以是数据类型的名称,如:

```
int a=10;
cout<<sizeof(a)<<"  " <<sizeof(10)<<"   "<<sizeof(int)<<endl;
```

输出是:

```
4  4  4
```

在本例中需要注意的是,数组 array 的大小 size 是通过 sizeof(array)/sizeof(*array)得到的。其中,sizeof(array)即对一个数组名进行 sizeof 运算,得到的是该数组共占用的内存字节数;而*array 代表的是数组的第一个元素,对其进行 sizeof 运算,得到的是该元素占用的内存字节数,两者相除即可得到数组的元素个数。

(2)注意方法 5 中语句 sum[4]+=*p++;的执行过程。

由于指针变量 p 的间访操作*与自增操作++是在同一个优先级上,应由运算符的结合性决定执行顺序,此处应是从右到左,但由于是后增运算符,因此该语句的执行顺序相当于下列两条语句:

```
{ sum[4]+=*p; p++;}
```

6.2 实 验 内 容

1. 试着采用下列方式修改例 6-2:c 值以指针形参返回,q 值以引用形参返回,而函数的返回值反映 x 值是否合法。要求修改后的程序能完成例 6-2 规定的功能。

2. 编程实现:输入一个字符串,将其逆置后输出。要求编写一个函数 reverseStr 实现将字符串逆置的功能。

```
#include <iostream>
using namespace std;
void reverseStr(char * s);
int main()
{
    char * str=new char[50];
    cin>>str;
    cout<<"原串为:"<<str<<endl;
    _____;                        //调用函数 reverseStr 逆置串 str
    cout<<"逆置后的串为"<<str<<endl;
    return 0;
}
void reverseStr(char * s)
{
    int n=_____;                  //使用库函数求指针 s 所指向的串的长度
```

```
        for(int k=0;_____; k++)
        {
            _____;
            _____;
            _____;
        }
}
```

3. 自定义函数 mystrcmp 实现两个字符串的比较操作(不能使用库函数 strcmp)：如果字符串 1 比字符串 2 大则返回 1,如果字符串 1 比字符串 2 小则返回−1,如果二者相等则返回 0。然后在 main 函数中输入两个字符串(用字符指针表示字符串),调用 mystrcmp 比较这两个字符串的大小并输出比较的结果。某三次程序执行效果应如下所示(其中带下划线的为用户键盘输入)：

请输入第一个字符串:<u>hello</u>↙
请输入第二个字符串:<u>boys</u>↙
字符串 hello 大于字符串 boys

请输入第一个字符串:<u>abc</u>↙
请输入第二个字符串:<u>abc</u>↙
字符串 abc 等于字符串 abc

请输入第一个字符串:<u>abc</u>↙
请输入第二个字符串:<u>grils</u>↙
字符串 abc 小于字符串 girls

4. 本题的功能是：从键盘输入一个字符串,从左到右对字符串中每个字符删除其后所有相同的字符,只留下第一次出现的那一个。例如,字符串为"cocoon",删除重复出现的字符后,其结果是字符串"con"。

```
#include <iostream>
using namespace std;
void deleteChar(char * s);
int main()
{
    char str[20]="cocoon";
    _____;                        //调用函数完成题目指定功能
    cout<<str<<endl;
    return 0;
}
void deleteChar(char * s)
{
    //利用指针 p 实现对 s 中的元素逐个进行检查,看其后的元素中有无相同元素
    char * p=s;
    while(* p!='\0')
```

```
{
    //利用指针 q 实现逐个检查 p 后的元素中有无和 * p 相同的字符
    for(char * q=p+1 ; * q!='\0';q++)
    {
        //如果是相同字符,则需要删除,方法是自 q+1 起所有元素前移一个位置
        if(_____)
        {
            char * temp=q;
            while(_____)
            {
                _____;
                temp++;
            }
            q--;
        }
    }
    p++;
}
}
```

5. 将一个数分解成几个质数(即素数)的连乘积形式叫做分解质因数。例如,6＝2×3,28＝2×2×7,180＝2×2×3×3×5。以下程序实现将 40~50 之间的 11 个数分解质因数。用函数 fun(int a[], int num, int & rc)实现将数 num 分解质因数,最终得到的质因数存放在数组 a 中,质因数的个数通过引用参数 rc 带回主函数。实现过程是:将 50 以内的质数表按由小到大的顺序存放在数组 b 中,从 b[0]开始循环去除 num,如果除尽,则 b[0]是一个质因子,将其存入数组 a 中,直到除不尽时,再用下一个较大的质数 b[1]循环去除 num……重复进行,直到 num 为 1 时为止。程序正确的输出结果如下:

```
40=2 * 2 * 2 * 5
41=41
…
50=2 * 5 * 5
```

完善如下程序实现上述功能:

```
#include <iostream>
using namespace std;
void fun(int * a, int num, int &rc)
{
    int b[]={2,3,5,7,11,13,17,19,23,29,31,37,41,43,47};          //50 以内的质数表
    int i=0, j=0;
    while(num!=1)
    {
        if(_____)
        {
```

———————————— C++程序设计例题解析与上机指导

```cpp
                num=_____;
                a[i++]=b[j];
            }
            else j++;
        }
        _____;                    //质因数的个数存储在形参 rc 中
}
int main()
{
        int a[20];                   //数组 a 用来存放各个质因子
        int n,i,count;
        for(n=40;n<=50;n++)
        {
            _____;                //调用 fun 函数对 n 质因数分解,质因数个数存于 count
            cout<<n<<'='<<a[0];
            for(i=1;i<count;i++)
                cout<<' * '<<_____;
            cout<<endl;
        }
        return 0;
}
```

6. 编程实现对存于文件 a.txt 中的一组数据求其均方差并将结果显示在屏幕上,均方差的公式如下:

$$s = \sqrt{\frac{1}{n-1}\sum_{i=1}^{n}(x_i-\bar{x})^2}$$

公式中的 n 代表这组数据的个数,x_i 代表这组数据中的第 i 个数据,$\bar{x}$ 代表这组数据的平均值。文件 a.txt 中的内容如下(第一个数字代表数据的个数,其后的各个数据之间以空格或者回车隔开):

```
10
-50.3  70.78  55
66  -40  56  130
180  34  20.89
```

本题中应输出 69.3319。

7. 在 M 行 N 列的矩阵中每行都有一个最大数,完善如下程序,求出这 M 个最大数中最小的一个数。程序运行效果如下所示:

矩阵中各元素依次为:

```
 6     2     0    45
 2     9    25    44
77    21     8     8
```

所求的最小值为 44

```cpp
#include <iostream>
using namespace std;
#define M 3
#define N 4
void maxmin(int a[][N], int &min);
int main()
{
    int a[M][N]={6,2,0,45,2,9,25,44,77,21,8,8};
    int i,j,min;
    cout<<"矩阵中各元素依次为:"<<endl;
    for(i=0;i<M;i++)
    {
        for(j=0;j<N;j++)
            cout<<a[i][j]<<'\t';
        cout<<endl;
    }
    _____;                          //补充此处,调用 maxmin 函数实现求所需的最小数
    cout<<"所求的最小值为"<<min<<endl;
    return 0;
}
void maxmin(int a[][N], int &min)
{
    int i,j,maxval;
    for(i=0;i<M;i++)
    {
        _____;
        for(j=1;j<N;j++)
        {
            if(a[i][j]>maxval)
                maxval=a[i][j];
        }
        if(i==0)    min=maxval;
        else if(maxval<min)_____;
    }
}
```

8. 设有一条环形铁路,共有 n 个车站。现有检查组去检查各个车站的服务质量,从第 i 个车站开始检查,每隔 m(已检查过的车站不计算在内)个车站作为下一个要检查的车站,直到所有车站都检查完为止。完善如下程序,实现:按以上要求计算出依次检查的车站序号并输出计算结果。例如,假设共有 20 个车站,车站的序号依次为 1,2,3,…,19,20。要求从第 3 个车站开始检查,间隔 5 个车站,则检查车站的顺序为 3→8→13→18→4→10→16→2→11→19→7→17→9→1→15→14→20→6→12→5,函数 check() 中的 count 记录检查完所有车站时要绕环形铁路的圈数。

```cpp
#include <iostream>
using namespace std;
int check(int * x,int * y, int n,int i,int m)
{
    /* x 存放车站序号,y 存放依次检查的车站, n 代表总车站数, i 代表开始检查的车站号, m
    代表要间隔的车站数 */
    int k=0,k1,count=0;                 //k 记录已检查车站的个数
    x[0]=n;                             //初始化数组 x,x[0]记录最后一个车站号
    for(int j=1; j<n; j++) x[j]=j;
    y[k++]=i;                           //i 为第一个检查的车站
    x[i]=-1;                            //当 x[i]为-1 时,表示该车站已检查
    j=i;
    while(_____)
    {
        k1=0;                           //用 k1 累加间隔车站个数
        while(k1<m)
        {
            j++;
            if(j>=n)                    //已经到达环形铁路的最后一站,即将开始下一圈
            {
                count++;
                j=_____;
            }
            if(x[j]!=-1)  k1++;         //当前站未被检查,则间隔车站个数加 1
        }
        y[k++]=x[j];
        _____;
    }
    return count;
}
int main()
{
    int n, m, i, num;
    cout<<"输入车站个数 n,第一个开始检查的车站号 i,间隔的车站数 m:";
    cin>>n>>i>>m;
    int * A=new int[n];                 //A 记录车站序号
    int * B=new int[n];                 //B 记录检查顺序
    if(A==NULL || B==NULL)return 0;     //如果内存分配失败的话,直接退出
    _____;                           //调用 check 函数实现相应的求解
    cout<<"检查顺序:"<<endl;             //输出结果
    for(int * p=B;_____; p++)
        cout<< * p<<"->";
    cout<< * p<<endl;
    cout<<"全部检查完各个车站,共要循环的圈数为:"<<num<<endl;
```

```
        delete [] A;
        A=NULL;
        delete [] B;
        B=NULL;
        return 0;
}
```

9. 生成一个由 10 个两位随机数构成的数组,对其先进行从小到大排序,再利用二分查找法找出数组中是否有 50 这个数。提示：此题中要仔细体会指针做函数参数来接收数组地址的用法。

```
51  27  44  50  99  74  58  28  62  84
数组中有 50

void order(int * a,int n);
void search(int * a,int n,int x);
int main()
{
    int arr[10];
    for(int i=0;i<10;i++)
    {
        arr[i]=_____;               //产生一个两位的随机正整数
        cout<<arr[i]<<' ';
    }
    cout<<endl;
    _____                           //调用 order 函数进行排序
    _____                           //调用 search 函数进行查找
    return 0;
}
void order(int * a,int n)
{
    int k;
    for(int i=0;i<n-1;i++)
    {
        _____;
        for(int j=i+1; j<=n-1; j++)
            if(_____)k=j;
        int temp= * (a+i);
        * (a+i)= * (a+k);
        * (a+k)=temp;
    }
}
void search(int * a,int n,int x)
{
    int left=0,right=n-1,mid;
```

```
    while(left<=right)
    {
        mid=(left+right)/2;
        if(*(a+mid)==x)_____;
        else if(*(a+mid)>x)right=mid-1;
        else left=mid+1;
    }
    if(_____)
        cout<<"数组中有"<<x<<endl;
    else
        cout<<"数组中没有"<<x<<endl;
}
```

第 7 章 结构体

上机实验目的

- 掌握结构体类型的定义、引用方式及应用。
- 理解采用结构体自定义数据类型的意义,会使用自定义的结构体类型定义变量、数组、做函数参数等。

7.1 例 题 解 析

例 7-1 定义一个结构体,用来存储学生的个人资料,其中包括学生的学号、出生日期等,目的是将学生的资料以格式化的方式存储及输出。

程序代码:

```cpp
#include <iostream>
using namespace std;
const int N=2;               //定义常量 N,此题中取值为 2,代表可存储的学生的最大数目
struct Date{
    int year;
    int month;
    int day;
};
struct Student{
    int id;
    Date birthday;
};
void main()
{
    Student st[N];           //定义数组变量 st,其类型为 Student
    for(int i=0;i<N;i++)
    {
        cout<<"please enter student No."<<i+1<<" id:";        cin>>st[i].id;
        cout<<"please enter student's birthday:"<<endl;
        cout<<"    enter year:";        cin>>st[i].birthday.year;
        cout<<"    enter month:";       cin>>st[i].birthday.month;
```

```
        cout<<"    enter day:";          cin>>st[i].birthday.day;
    }
    cout<<"------------------------------------------------"<<endl;
    cout<<"student's data are:"<<endl;
    for(i=0;i<N;i++)
    {
        cout<<"Student No."<<i+1<<endl;
        cout<<"   student id:"<<st[i].id<<endl;
        cout<<"   student birthday:"
            <<st[i].birthday.year<<"-"<<st[i].birthday.month<<"-"<<st[i].
            <<st[i]birthday.day<<endl;
    }
}
```

程序执行效果（假设学生人数为 2 时）：

please enter student No.1 id:<u>001</u>↙
please enter student's birthday:
     enter year:<u>1988</u>↙
     enter month:<u>11</u>↙
     enter day:<u>30</u>↙
please enter student No.2 id:<u>002</u>↙
please enter student's birthday:
     enter year:<u>1987</u>↙
     enter month:<u>5</u>↙
     enter day:<u>6</u>↙
----
student's data are:
Student No.1
  student id:1
  student birthday:1988-11-30
Student No.2
  student id:2
  student birthday:1987-5-6

程序分析及相关知识点：

(1) 结构体是一个复合的数据类型，它是把需要表达信息的多个属性作为一个整体加以处理。例如一个学生的信息包含学号、姓名、出生日期、性别等，这些信息是一个整体，如果仅仅用独立变量处理，这些数据的相互关系就显得比较松散，而使用结构体可以很好地解决这个问题。结构体数据类型必须在使用前声明，然后根据需要定义该类型的变量、数组、指针等。

(2) 声明一个结构体数据类型的一般形式为：

struct   结构体名{

成员表列

}；   （注意此处的分号一定不要漏掉）

（3）其中结构体名用作不同结构体类型的标志，如本例中需要定义两个结构体类型，一个为表示学生出生日期的 Date 结构体，它应包含三个成员，即生日的年-月-日，可用三个整型变量 year、month、day 分别表示；另一个为表示学生整体信息的 Student 结构体，应题目要求，它应包含两个成员，即学号与出生日期，其中学号可用一个整型变量 id 表示，而出生日期成员应是一个 Date 型的变量。这就表明结构体可以嵌套定义，而且也可以看出用 struct 关键字可以定义出许多具体的不同的结构体类型，如本例中的 Date、Student，这些具体的结构体类型的区别方式就是它们的结构体名称。

（4）声明了结构体类型，只是相当于定义了一个模型，其中并无具体数据，系统对之也不分配内存。为了在程序中能使用结构体数据类型来描述数据，应像使用 int 等数据类型一样，用结构体类型来定义变量，并在其中存放具体数据。

（5）结构体数组就是数据类型为结构体的数组，其本质上与数据类型为 int 等内部数据类型的数组是一样的，其定义方式如下：

结构体名称　数组名［元素个数］；

（6）不能将一个结构体变量作为一个整体进行输入输出，只能对结构体变量中的各个成员分别进行输入输出，这就涉及结构体变量中成员的引用。引用结构体变量中的成员是通过"．"操作符实现的，其使用方式为：

结构体变量名 ．成员名

（7）若其成员仍为结构体，则还必须通过"．"操作符继续为其成员的各个成员赋值，如本例程中为 Student 类型的数组 st 的各个元素赋值，它的每个元素都是一个 Student 型的结构体变量，都含有两个成员 id、birthday（而 birthday 又是一个 Date 型结构体变量），须以下述方式为这两个成员进行读入赋值：

```
cin>>st[i].id;
cin>>st[i].birthday.year;
cin>>st[i].birthday.month;
cin>>st[i].birthday.day;
```

例 7-2　建立一个结构体 Triangle 来描述三条边都是正整数的三角形，编写如下函数并在 main 函数中添加相应的测试语句调用：

（1）检查输入的三条边的值的合法性，若能构成三角形则初始化三角形的函数：

```
void init(int a,int b,int c, Triangle &t);
```

（2）判断是否为直角三角形的函数：

```
bool right_angled(Triangle t);
```

（3）求三角形周长的函数：

```
int length(Triangle t);
```

程序代码：

本程序的实现使用了三个程序文件，各文件内容如下：

```
/**********************mainfile.cpp*****************************/
    #include <iostream>
    #include "Triangle.h"        /*需要包含该头文件,才能在本文件中使用该头文件中声明
                                    的函数及类型*/
    using namespace std;
    void main()
    {
        Triangle t;
        int x,y,z;
        cout<<"请依次输入三角形的三条边值:";
        cin>>x>>y>>z;
        init(x,y,z,t);
        if(right_angled(t))
            cout<<"这是一个直角三角形!"<<endl;
        else
            cout<<"这不是一个直角三角形!"<<endl;
        cout<<"它的周长是:"<<length(t)<<endl;
    }
/********************* Triangle.h ********************************/
    struct Triangle{
        int a;
        int b;
        int c;
    };
    void init(int a,int b,int c, Triangle &t);
    bool right_angled(Triangle t);
    int length(Triangle t);
/**********************Triangle.cpp *****************************/
    #include "Triangle.h"
        //需要包含该头文件,才能在本文件中使用该头文件中声明的类型名 Triangle
    #include <iostream>
    #include <cmath>
    using namespace std;
    void init(int x,int y,int z, Triangle &t)          //形参结构体变量 t 采用传址方式
    {
        if(x>0&&y>0&&z>0&&(x+y)>z&&(x+z)>y&&(y+z)>x){
            t.a=x;
            t.b=y;
```

```
            t.c=z;
        }
        else {
            cout<<"根据输入的三条边值并不能构成三角形!"<<endl;
            exit(1);
        }
    }
    bool right_angled(Triangle t)          //形参结构体变量 t 采用传值方式
    {
        if((t.a>t.b&&t.a>t.c&&(pow(t.a,2)==pow(t.b,2)+pow(t.c,2)))
            ||(t.b>t.a&&t.b>t.c&&(pow(t.b,2)==pow(t.a,2)+pow(t.c,2)))
            ||(t.c>t.a&&t.c>t.b&&(pow(t.c,2)==pow(t.a,2)+pow(t.b,2))))
        return true;
        else return false;
    }
    int length(const Triangle & t)          //形参结构体变量 t 采用常量传值方式
    {
        return t.a+t.b+t.c;
    }
```

程序执行效果(三次运行程序的结果如下,其中有下划线的内容表示键盘输入):

请依次输入三角形的三条边值: 2 3 6↙
根据输入的三条边值并不能构成三角形!

请依次输入三角形的三条边值: 3 5 4↙
这是一个直角三角形!
它的周长是:12

请依次输入三角形的三条边值: 4 5 6↙
这不是一个直角三角形!
它的周长是:15

程序分析及相关知识点:

本例程中重点学习结构体变量做函数参数的用法。如同整型变量、浮点型变量等一样,结构体变量做函数参数时也有传值和传址两种方式。

(1) Init 函数的参数 Triangle &t 必须采用传址方式,因为需要将 Init 函数中对形参 t 的修改返回至主调函数中。

(2) right_angled 函数中的 Triangle t 采用传值方式,因为该函数中不需要对 t 进行修改。值得注意的是,本函数中形参 t 也可以采用传址方式,而且最好是同 length 函数中的形参 t 一样采用常量传址方式,如 const Triangle & t。由于结构体变量所占用的字节数都相对较大(如本题中的 Triangle 型变量,占用的字节数不低于 12 个字节),若采用传值方式,则相当于将实参的副本传递给形参,这样会造成空间和时间的双重浪费,而采用传址方式则可以避免这种双重浪费(读者理解这一点可类比:在操作系统中,将 C 盘下一个 500MB 的文件复制到 D 盘中,不仅浪费存储空间,而且复制的过程也有时间的浪费,而将该文件的快捷方式发送到 D 盘则可以避免这种双重浪费)。此外,这两个函数中都只需要对 t 进行读操作,不需要进行写操作,采用常量传址可以保证不会出现对主调函数中的实参变量进行误修改。

(3) 本例程中三个函数的参数 t 都可以改成指针传址,请读者自行试验。

7.2　实　验　内　容

1. 设计结构体 Point 描述平面上的点,该结构体 Point 含有两个成员变量 x 和 y,分别表示点的横坐标和纵坐标。利用该结构体 Point 设计如下三个函数完成指定功能:

(1) void set(Point & p, double a, double b):根据参数 a、b 的值设置平面上某一点 p 的横坐标和纵坐标。

(2) double onepoint(const Point &p):返回平面上某一点 p 到原点的距离。

(3) double twopoint(const Point &p1, const Point &p2):返回平面上任意两点 p1, p2 之间的距离。

要求在 main 函数中测试上述三个函数是否正确,步骤如下:

(1) 定义一个 Point 型的变量 p1,从键盘输入两个实数值,并利用 set 函数完成对 p1 的设置工作,然后利用 onepoint 函数求出点 p1 到原点的距离。

(2) 定义一个 Point 型的变量 p2,从键盘输入两个实数值,并利用 set 函数完成对 p2 的设置工作,然后利用 twopoint 函数求出点 p1 到 p2 的距离。

(3) 程序的某次执行效果应如下所示:

```
please input one point<x,y>: 3  4↙
该点到原点的距离为:5
please input another point: 7  9↙
这两点距离为:6.40312
```

2. 定义一个结构体类型 Employee,其成员包括姓名、性别、工龄、职务、工资,按此结构体类型定义一个有 n 名雇员的结构体数组,其中每位雇员的信息存在于如下的文件 a.txt 中。注意,a.txt 文件中的第一个数字代表了雇员的个数,以后每行信息按"姓名、性别、工龄、职务、工资"排列,其中表示性别时,0 代表女,1 代表男。文件 a.txt 中的内容如下:

```
4
张静    0    30    教授      5000
刘兵    1    20    教授      4800
孙萍    0    10    副教授    4000
王燕    0    5     讲师      3200
```

编写一个程序,以如下形式输出 a.txt 中的信息,并计算这 n 名雇员的平均工资。

姓名	性别	工龄	职务	工资
张静	女	30	教授	5000
刘兵	男	20	教授	4800
孙萍	女	10	副教授	4000
王燕	女	5	讲师	3200

平均工资为:4250

3. 以下程序的功能是生成企业产品代码。企业产品代码的构成规则为："企业编号"(由 0 或 1 构成,长度为 4)+"企业内部产品编号"(由 0 或 1 构成,长度为 2)+"奇偶校验位"(0 或 1)。在前面的 6 个字符中,如果 1 的个数为奇数,则奇偶校验位为 1,否则为 0。该程序正确的运行结果为:

企业名称:AA,内部产品编号:01,产品代码:0101011
企业名称:BB,内部产品编号:10,产品代码:1101100
企业名称:CC,内部产品编号:11,产品代码:0111111
企业名称:EE,内部产品编号:10,企业名不存在
企业名称:DD,内部产品编号:01,产品代码:1111011

```cpp
#include <iostream>
#include <string>
using namespace std;
struct DIC
{
    char name[3];                    //企业名称
    char code[5];                    //企业代码
};
struct PROD
{
    char name[3];                    //企业名称
    char no[3];                      //企业内部产品编号
};
void product_code(PROD * p1,int m, DIC * p2, int n)
{
    //对 n 个企业的 m 个产品生成企业产品代码
    for(int i=0;i<m;i++)             //逐个为 m 个产品生成代码
    {
        char code[8];
        for(int j=0;j<n;j++)         //通过匹配企业名称来寻找当前产品的企业代码
        {
            if(_____)
            {
                //若匹配成功,则复制企业代码及产品编号至 code 中相应位置处
                strcpy(code,(p2+j)->code);
                _____;
                break;               //已经找到企业代码,则跳出寻找企业代码的 for 循环
```

```
                }
        }
        if(_____)                    //若企业名不存在,则输出相应信息并继续考察下一个产品
        {
            cout<<"企业名称:"<<_____<<',';
            cout<<"内部产品编号:"<<_____<<','<<"企业名不存在"<<endl;
            _____;
        }
        //生成如下校验码
        int m=0;
        for(int k=0; k<6;k++)
            if(code[k]=='1')m++;
        code[k]=_____;                //生成校验码,校验码为'0'或'1'
        code[k+1]='\0';
        cout<<"企业名称:"<<_____<<',';
        cout<<"内部产品编号:"<<_____<<','<<"产品代码:"<<code<<endl;
    }
}
int main()
{
    /*定义 4 个企业,并初始化;对结构体数组初始化的方式与其他类型数组类似,注意应逐个
    给出结构体中每个成员的初值*/
    DIC di[4]={"AA","0101","BB","1101","CC","0111","DD","1111"};
    //定义 5 个产品,并初始化
    PROD pr[5]={"AA","01","BB","10","CC","11","EE","10","DD","01"};
    _____;                            //调用 product_code 函数生成企业产品代码
    return 0;
}
```

第 8 章 类和对象

上机实验目的

- 掌握类和对象的定义。
- 理解类的成员访问控制权限的含义,公有、私有和保护成员的区别。
- 掌握在类外定义类的成员函数的方法。
- 掌握通过类的对象调用类的成员函数的方法。
- 掌握构造函数和析构函数的含义与作用、定义方式和实现,能够根据要求正确定义和重载构造函数。
- 掌握友元函数的含义,友元函数和成员函数的区别。

8.1 例 题 解 析

例 8-1 定义一个时钟类 Clock,通过调用类中的成员函数设置并显示一个 Clock 对象的时间。用多文件结构组织本程序:在 clock.h 文件中对 Clock 类进行声明;在 clock.cpp 文件中对 Clock 类中的成员函数进行定义;在 mainfile.cpp 文件中定义 main 函数,创建 Clock 类的对象,设置该对象的时间并显示。请阅读如下程序,仔细体会如何声明和定义对象、如何使用类的成员函数来操作对象,体会类的声明、类的实现和类的使用由不同文件实现的多文件程序结构。

程序代码:

```
/*******************clock.h:类 Clock 的声明***********************/
    class Clock{
    public:
        Clock(int newH=0,int newM=0,int newS=0);    //使用默认参数值
        void showTime();
    private:
        int hour,minute,second;
    };
/*******************clock.cpp:类 Clock 的实现**********************/
    #include <iostream>
    #include "clock.h"                                //包含相应的类定义文件
    using namespace std;
```

```cpp
Clock::Clock(int newH,int newM,int newS)        //注意此处的参数不可再添加默认值
{    //通过传入的参数值给类的成员变量赋值
    hour=newH;
    minute=newM;
    second=newS;
}
void Clock::showTime()
{
    cout<<hour<<":"<<minute<<":"<<second<<endl;
}
/*******************mainfile.cpp:main 函数中使用类 Clock *******************/
#include <iostream>
#include "clock.h"
using namespace std;
int main()
{
    cout<<"First time set and show:"<<endl;
    Clock clock1;                  //声明一个类 Clock 的对象,对象名为 clock1
    clock1.showTime();             //通过"."操作符调用 clock1 对象的成员函数
    cout<<"Second time set and show:"<<endl;
    Clock clock2(12,30,25);
    clock2.showTime();
    return 0;
}
```

程序的运行结果如下所示:

```
First time set and show:
0:0:0
Second time set and show:
12:30:25
```

程序分析及相关知识点:

(1)在面向对象的程序设计中,往往将类的声明放在一个指定的头文件中,如果某个源代码文件中想用这个类,只要把这个头文件 include 写进来即可,这样就不必在所有需要用到该类的源文件中重复书写类的声明,可以减少编程工作量,提高编程效率。

在类的内部对成员函数作声明而在类外定义成员函数的代码组织方式,不仅可以减少类体的长度,使类的结构清晰、可读性好,而且能实现类的接口与实现的分离,是一种值得推荐的编程方式。在类体外定义各成员函数的代码一般也会单独放在一个源代码文件中,包含成员函数定义的源文件就是类的实现。

对于一个简单的面向对象的程序来说,类的使用往往是在 main 函数中进行的。在 main 函数中定义类的对象,并通过类的对象调用类中的成员函数来实现程序的功能。main 函数通常独立放在一个源代码文件中。

因此,一个简单的 C++ 程序可以由三个部分构成:

① 类的声明。在一个包含类中数据成员和成员函数声明的头文件(后缀为.h)中;

② 类的实现。在一个包含类中成员函数定义的源代码文件(后缀为.cpp)中;

③ 类的使用。在一个包含 main 函数的源代码文件(后缀为.cpp)中。

本程序根据上述规则进行组织:在 clock.h 文件中对 Clock 类进行了声明;在 clock. cpp 文件中对 Clock 类中的成员函数进行了定义;在 mainfile.cpp 中定义 main 函数,以不同的初始化方式创建了 Clock 类的两个对象 clock1 和 clock2,并通过 clock1 和 clock2 分别调用成员函数 showTime 输出了两个对象各自的时间。需要注意的是,由于在定义类的成员函数和创建类的对象之前都需要有类的声明,因此在 clock.cpp 文件和 mainfile. cpp 文件的开头都需要 include "clock.h"。

本章实验中大部分程序都采用了这样的多文件结构来组织代码。当然,如果程序本身非常简单、代码量较小的话,将类的声明、实现和使用放到同一个文件中也是合适的,本章中就有部分程序还是采用单文件结构来组织代码的。不管采用何种方式组织程序,对程序的执行效果都是没有影响的,所以这里不讨论什么程序适合什么组织结构,编程者写代码时可根据个人习惯或题目要求来做。

(2) 对象的初始化操作通常通过类的构造函数来实现。构造函数的主要特征有:构造函数的名称必须与类名相同;构造函数不具有任何类型,不返回任何值;构造函数不需要通过代码调用执行,而是在创建类的对象时自动执行。

本例中的构造函数 Clock 使用了带默认参数的定义方式。这样即使在调用构造函数时某些形参没有提供相应的实参值,也可以确保按照默认的参数值对对象进行初始化。在构造函数中使用默认参数是方便而有效的,它的作用相当于好几个重载的构造函数。

需要注意的是,函数若使用默认参数则必须遵循一些规则,如应当在声明构造函数时指定参数的默认值,函数的参数默认值只能从右往左设置,中间不能间断等。

本例不需要在撤销对象占用的内存前完成一些清理工作,因此没有自定义析构函数。如果程序中没有自定义析构函数,那么系统会自动生成一个析构函数,但是该函数什么操作都不执行。

(3) 在类体中定义成员函数时,不需要在函数名前加上类名。但在类体外定义成员函数时,必须要在函数名前面加上类名和作用域限定符":",予以限定。本例在 Clock 类外定义成员函数 Clock 和 showTime 时,都在函数名前加上了 Clock::,以指出该函数是属于 Clock 类的函数。

(4) 类中定义的公用成员函数要通过类的对象来调用执行。对象可以看做"类的实例"或者"类类型的变量"。定义类的对象之前必须先作类的声明。

定义类的对象的一般形式为:

类名　对象名(实参表);

定义了类的对象之后,便可通过对象来调用其公用成员函数或访问对象的公用数据成员。一般形式为:

对象名.成员函数名(实参表);

对象名 . 数据成员名；

其中"."是成员运算符,用来对成员进行限定,指明所访问的是哪个对象的成员。

例 8-2　下面程序可以实现求一个分数及其倒数的值。请仔细阅读程序,体会并理解类的成员访问控制的含义,以及公有成员和私有成员的区别。

程序代码:

```
/*********************** fraction.h:类 Fraction 的声明***********************/
    class Fraction{
    public:                              //定义公有成员
        Fraction(int,int);
        int getNum();
        int getDen();
        double value();
        double reciprocal();
    private:                             //定义私有成员
        int numerator;
        int denominator;
        void exchange();
    };
/********************** fraction.cpp:类 Fraction 的实现 **********************/
    #include <iostream>
    #include "fraction.h"
    using namespace std;
    Fraction::Fraction(int num,int den)
    {
        numerator=num;
        denominator=den;
    }
    int Fraction::getNum()               //取分子
    {
        return numerator;
    }
    int Fraction::getDen()               //取分母
    {
        return denominator;
    }
    double Fraction::value()             //求分数值
    {
        return double(numerator)/denominator;
    }
    void Fraction::exchange()
    {
        double temp=numerator;
```

```
            numerator=denominator;
            denominator=temp;
        }
    double Fraction::value()                    //求分数值
    {
            return double(numerator)/denominator;
    }
    double Fraction::reciprocal()               //求分数的倒数的值
    {
            exchange();
            return value();
    }
/***************** mainfile.cpp: main 函数中使用类 Fraction *******************/
    #include <iostream>
    #include "fraction.h"
    using namespace std;
    int main()
    {
        int num,den;
        cout<<"Please input the numerator and denominator of a fraction:";
        cin>>num>>den;
        Fraction x(num,den);
        cout<<"x="<<x.getNum()<<"/"<<x.getDen()<<"="<<x.value()<<endl;
        cout<<"1/x="<<x.getDen()<<"/"<<x.getNum()<<"="<<x.reciprocal()<<
        endl;
        return 0;
    }
```

程序的测试数据及相应的运行结果如下所示(有下划线的内容表示是输入):

```
Please input the numerator and denominator of a fraction:5 18↙
x=5/18=0.277778
1/x=18/5=3.6
```

程序分析及相关知识点:

(1) private 和 public 称为成员访问限定符,可用来对类中的数据成员和成员函数的访问属性进行声明。在面向对象的程序设计中,声明类时通常都是将数据成员指定为 private(私有的),将成员函数指定为 public(公用的)。如果既不指定 private,也不指定 public,系统就默认为是 private。

被指定为 private 的数据成员只能被本类中的成员函数所访问,不能在类外访问它们。这样可一定程度隐蔽类内部的数据,防止它们被无关的外界代码所使用或修改。本例中的两个数据成员:分子 numerator 和分母 denominator 只能被类中的成员函数所访问,不能在类外通过"对象名.数据成员名"的方式来访问它们。成员函数也可被指定为 private,私有的成员函数只能被本类中的其他成员函数所调用,不能在类外调用它们。本例中的成员函数 exchange 是为了支持另一成员函数 reciprocal 的功能实现而定义的,由于并不打算在类外去执行这个函数,因此将其指定为 private。

被指定为 public 的成员函数可在类外通过类的对象来调用执行。编程者通过调用类中的公用成员函数来实现类提供的功能,因此公用的成员函数可以看做是类的对外接口。本例中 value 函数可实现求分数值的功能,reciprocal 函数可实现求分数的倒数值的功能。这几个函数都是可以在类外通过"对象名.函数名"的方式来调用执行的。

(2)由于公用的成员函数是外界与对象之间唯一的联系渠道,如果在类外需要访问类中的 private 数据成员,就可以通过定义 public 成员函数对指定数据成员进行访问或修改,再在类外调用这些 public 成员函数来实现。本例中的 getNum 和 getDen 函数正是为了在类外访问 private 数据成员 numerator 和 denominator 而定义的。

(3)编写代码时,先写 private 的成员还是先写 public 的成员对程序的执行没有任何影响。但是现在的 C++ 程序多数先写 public 部分,将公用的成员函数放在较为显眼的位置,可让编程者更清楚地了解这个类可被使用的功能,在一定程度上提高了程序的可读性。

(4)除了 private 和 public 之外,还有一种成员访问限定符 protected(受保护的)。指定为 protected 的成员不能在类外被访问,但可以在派生类的成员函数中访问基类的受保护成员。关于 protected 的使用,留待学习"继承和派生"时再做进一步介绍。

例 8-3 设计一个电梯类 Elevator,模拟电梯的运行:当用户输入想要到达的楼层(如 1~15)时,电梯便可从当前所在楼层上升或下降到用户指定的楼层。当用户输入非法楼层(小于 1 或者大于最高楼层的数)时退出程序。请阅读以下程序,仔细体会类的设计、构造函数的定义、成员函数的调用等实现方法。

程序代码:

```
/****************** elevator.h:类 Elevator 的声明******************/
    class Elevator
    {
    public:
        Elevator(int=1);                    //带默认参数的构造函数
        void request(int);
    private:
        int currentFloor;
    };
    const int MAXFLOOR=15;
/****************** elevator.cpp:类 Elevator 的实现******************/
    #include <iostream>
    #include "elevator.h"
    using namespace std;
    Elevator::Elevator(int cfloor)
    {
        currentFloor=cfloor;
    }
```

```cpp
    void Elevator::request(int newfloor)
    {
        if(newfloor==currentFloor)              //目标楼层就是当前楼层
            cout<<"You are now at floor "<<newfloor<<".Please input another
            floor!"<<endl;
        else
        {
            cout<<"Starting at floor "<<currentFloor<<endl;
            if(newfloor>currentFloor)          //向上移动电梯
            {
                do
                {   currentFloor++;
                    cout<<"Going up-now at floor "<<currentFloor<<endl;
                }while(currentFloor !=newfloor);
            }
            else                               //向下移动电梯
            {
                do
                {   currentFloor--;
                    cout<<"Going down-now at floor "<<currentFloor<<endl;
                }while(currentFloor !=newfloor);
            }
            cout<<"Stopping at floor "<<currentFloor<<endl;
        }
    }
/***************** mainfile.cpp: main 函数中使用类 Elevator ******************/
    #include <iostream>
    #include "elevator.h"
    using namespace std;
    int main()
    {
        Elevator myElevator;
        int aimfloor;
        while(true)
        {
            cout<<"Which floor do you want to go(1-"<<MAXFLOOR<<"):";
            cin>>aimfloor;
            if(aimfloor >=1 && aimfloor <=MAXFLOOR)
                myElevator.request(aimfloor);
            else
            {
                cout<<"Thank you!"<<endl;
                break;
            }
```

```
        }
        return 0;
    }
```

程序的测试数据及相应的运行结果如下所示(有下划线的内容表示是输入):

```
Which floor do you want to go(1-15):5
Starting at floor 1
Going up-now at floor 2
Going up-now at floor 3
Going up-now at floor 4
Going up-now at floor 5
Stopping at floor 5
Which floor do you want to go(1-15):5
You are now at floor 5. Please input another floor!
Which floor do you want to go(1-15):2
Starting at floor 5
Going down-now at floor 4
Going down-now at floor 3
Going down-now at floor 2
Stopping at floor 2
Which floor do you want to go(1-15):0
Thank you!
```

程序分析及相关知识点:

(1) 对于一部电梯来说,和它的运行息息相关的重要属性就是电梯当前所停靠的楼层,该属性决定了电梯收到用户发出的楼层指令后是向上运行还是向下运行。因此,elevator 类中就要定义一个反映电梯当前位置的 private 数据成员 currentFloor。

(2) 创建一个新的 Elevator 对象时,需要设置这部电梯初始停靠的楼层。如果不指定的话,电梯就默认停靠在 1 楼;如果指定的话,就停靠在指定的楼层。对象的初始化工作通过构造函数来实现,将构造函数参数的默认值设置为 1 可以实现不指定楼层时电梯默认停靠楼层为 1。再次提醒:参数的默认值只能在函数的声明语句中设置,除非该函数是直接在类体中定义的。

由于 Elevator 类的构造函数有默认参数,因此定义 Elevator 类对象时,可以用:

```
Elevator myElevator;                    //电梯初始停靠在 1 楼
```

也可以用:

```
Elevator myElevator(15);                //电梯初始停靠在 15 楼
```

思考:若声明的构造函数不是带默认参数的函数,还能不能以 Elevator myElevator 的方式声明对象?为什么?

(3) 电梯最重要的行为就是可根据用户输入的楼层指令运行到指定楼层,因此 Elevator 类中定义了一个实现该功能的公用成员函数 request。该函数可根据参数传入的目标楼层,不断改变(增加或降低)电梯的当前停靠楼层,最终到达目标楼层。

例 8-4 设计一个字符串类 Str,可求出当前字符串中最长平台的长度。平台即字符串中连续出现的相同元素构成的子序列。例如,若字符串为 abbcccddef,则最长平台为 ccc,其长度为 3。程序具体要求如下:

(1) 定义 Str 类,包含以下 private 数据成员。

- char * str:指向为字符串动态申请的内存空间。
- int maxlen:存放 str 所指的字符串中最长平台的长度。

还包括以下 public 成员函数。

- Str(char * p):构造函数。实现动态申请成员 str 指向的堆内存空间,用 p 指向的字符串初始化 str 指向的字符串,p 值缺省为空指针(NULL),设 maxlen 初始值为 0。
- ~Str( ):析构函数,释放 str 所指向的动态内存空间。
- void process( ):求 str 所指向的字符串中最长平台的长度。
- void show( ):输出字符串及最长平台的长度。

(2) 在 main 函数中完成对类功能的测试:输入一个字符串到字符数组 text 中,定义一个 Str 类的对象 s,用 text 初始化对象 s,调用成员函数 process 求 str 所指向的字符串中最长平台的长度,调用 show 输出字符串及其最长平台的长度。

程序代码:

```
/*********************** str.h:类 Str 的声明 ***********************/
    class Str {
    public:
        Str(char * p=NULL);                 //p 默认为空指针
        ~Str();                             //析构函数
        void process();                     //求最长平台的长度
        void show();                        //输出字符串
    private:
        char * str;                         //指向字符串的指针
        int maxlen;                         //最长平台的长度
    };
/*********************** str.cpp:类 Str 的实现 ***********************/
    #include <iostream>
    #include "str.h"
    using namespace std;
    Str::Str(char * p)
    {
        if(p)                               //若 p 不是空指针
        {
            str=new char[strlen(p)+1];
                                            //动态分配字符串 str 内存区域,与输入字符串等长
            strcpy(str,p);
        }
```

```
        else str=NULL;
        maxlen=0;
    }
    Str::~Str()
    {
        if(str)delete[]str;                    //释放字符串 str 占用的堆内存
    }
    void Str::process()
    {
        char * p=str;
        int len=1;
        while(* p)
        {
            if(* p== * (p+1))
                len++;
            else
            {
                if(len>maxlen)    maxlen=len;
                len=1;
            }
            p++;
        }
    }
    void Str::show()
    {
        cout<<"str="<<str<<endl;
        cout<<"maxlen="<<maxlen<<endl;
    }
/****************** mainfile.cpp: main 函数中使用类 Str ******************/
    #include <iostream>
    #include "str.h"
    using namespace std;
    int main()
    {
        char text[100];
        cout<<"Please input a string(shorter than 99 chars):";
        cin>>text;
        Str s(text);
        s.process();
        s.show();
        return 0;
    }
```

程序的测试数据及相应的运行结果如下所示(有下划线的内容表示是输入)：

Please input a string(shorter than 99 chars): <u>abbcccddef</u>↙

str=abbcccddef

maxlen=3

程序分析及相关知识点：

（1）Str 类中的数据成员 str 是一个指向字符串的指针。要使它指向一个与用户输入的字符串相同的字符串，首先可以令其先指向一个与用户输入字符串长度相同的堆内存空间，再利用字符串复制函数 strcpy 将用户输入的字符串复制到 str 指向的堆内存区域中。这里要注意：通过 strlen 函数返回的是字符串实际包含的字符个数，而字符串末尾的'\0'还需要用一个字符的内存空间存储。因此，这里用 str＝new char[strlen(p)＋1]语句动态申请存储字符串所用的内存空间。

（2）若创建一个对象时构造函数额外为该对象分配了动态内存，则当对象生命期结束时系统必须释放该对象占用的动态内存，这个工作由析构函数来完成。析构函数的主要作用就是在撤销对象占用的内存之前完成一些清理工作。当对象生命期结束时，程序会自动执行析构函数来完成这些内存清理工作。析构函数的主要特点如下：

① 析构函数的名称是类名前加一个"～"符号。析构函数不返回任何值，没有函数类型，也没有函数参数。

② 由于没有函数参数，析构函数就不能被重载，因此一个类中只能有一个析构函数。这一点和构造函数不同，构造函数允许被重载，因此一个类可以有多个构造函数。

8.2 实 验 内 容

1. 编程实现学生个人信息的输入和输出。程序的要求如下：

（1）定义一个学生类 Student，包含以下 private 数据成员：

• char ∗ sid：指向学生的学号字符串。

• char ∗ sname：指向学生的姓名字符串。

• int sage：学生的年龄。

还包括以下 public 成员函数。

• void set(char ∗ id，char ∗ name，int age)：可根据程序输入对该学生的学号 sid、姓名 sname、年龄 sage 赋值。

• void display()：以"ID：∗∗∗ Name：∗∗∗ Age：∗∗"的格式输出学生的个人信息。

• void distruct()：释放对象占用的动态内存空间。

（2）在主函数中创建 Student 类的一个对象，实现该学生信息的输入和输出。

（3）程序的测试数据及相应的运行结果如下所示（有下划线的内容表示是输入）：

Please input ID number、name、age of a student:<u>20150101 Mary 18</u>↙

ID:20150101 Name:Mary   Age:18

请完善如下程序：

```cpp
#include <iostream>
#include <cstring>
#include <iomanip>
using namespace std;
class Student
{
public:
    void set(char * id, char * name, int age);
    void display();
    void distruct();
private:
    char * sid;
    char * sname;
    int sage;
};
void Student::set(char * id, char * name, int age)//为 sid, sname 分配动态内存空间
{
    sid=new char[strlen(id)+1];
    sname=new char[strlen(name)+1];
    _____;                            //复制学号
    _____;                            //复制姓名
    sage=age;                            //设置年龄
}
void Student::display()                  //以指定格式输出学生的个人信息
{
    cout<<setiosflags(ios::left)<<"ID:"<<setw(10)<<sid;
    cout<<"Name:"<<setw(10)<<sname;
    cout<<"Age:"<<setw(6)<<sage <<endl;
}
void Student::distruct()                 //释放动态内存空间
{
    delete[]sid;
    delete[]sname;
}
int main()
{
    cout <<"Please input ID number、name、age of a student(separated by spaces):";
    char sID[20], sName[30];
    int sAge;
    cin >>sID >>sName >>sAge;
    _____;                            //定义 Student 类对象
    _____;                            //调用 set 函数实现对数据成员的初始化
    stu1.display();                      //调用成员函数 display
    stu1.distruct();                     //调用成员函数 distruct
```

```
    return 0;
}
```

2. 将上题改成采用类的构造函数和析构函数实现。需要重新定义 Student 类中的 public 成员函数为:

- Student (char * id, char * name, int age): 构造函数,在创建 Student 类对象的同时实现对学生的学号 sid、姓名 sname、年龄 sage 的初始化。
- void display(): 以"ID: *** Name: *** Age: **"的格式输出学生的个人信息。
- ～Student( ): 析构函数,释放对象占用的动态内存空间。

主函数的功能、程序的测试数据及相应的执行效果同上。

3. 定义一个银行账户类 Account,记录户主的基本信息,并能实现存钱、取钱、显示账户余额等操作。要求:

(1) Account 类中包含以下 private 数据成员:

- char * accountNum: 账号。
- char * name: 户主姓名。
- char * idNum: 身份证号码。
- int balance: 账户余额。

还有以下 public 成员函数:

- Account(char * a, char * n, char * i): 构造函数,可根据程序输入对账号、户主姓名、身份证号码进行初始化,账户余额初始化为 0。
- void save(double money): 实现存款操作。
- boolean withdraw(double money): 实现取款操作。取款成功返回 true;若取款金额超出账户余额则取款失败,给出错误提示并返回 false。
- void showBalance(): 显示账户余额。
- ～Account(): 析构函数。

(2) 在主函数中创建 Account 类的一个对象,模拟一次存钱和取钱操作。不论存钱还是取钱,操作完成后都要显示账户余额。

(3) 用多文件结构组织本程序: 在 account.h 文件中对 Account 类进行声明;在 account.cpp 文件中对 Account 类中的成员函数进行定义;在 mainfile.cpp 中定义 main 函数,创建 Account 类的对象,对该对象进行存钱和取钱操作。

(4) 程序的测试数据及相应的执行效果如下所示(有下划线的内容表示是输入):

```
Please input the account number、name and Id card number::201513501 Lisa 1020100516↙
Lisa ,You have initialized an account!
Please input the money you want to save:2000↙
You have saved 2000 yuan!
The balance of your account is 2000 yuan!
Please input the money you want to withdraw:500↙
You have withdrawn 500 yuan!
The balance of your account is 1500 yuan!
```

请完善如下程序：

```cpp
/*********************** account.h ***************************/
class Account{
public:
    Account(char * a, char * n, char * i);
    void save(double money);
    bool withdraw(double money);
    void showBalance();
    ~Account();
private:
    char * accountNum;
    char * name;
    char * idNum;
    int balance;
};
/*********************** account.cpp ***************************/
#include <iostream>
#include <string.h>
#include "account.h"
using namespace std;
Account::Account(char * a, char * n, char * i)
{
    _____;                           //为账号分配动态内存
    strcpy(accountNum,a);
    _____;                           //为姓名分配动态内存
    strcpy(name,n);
    _____;                           //为身份证号分配动态内存
    strcpy(idNum,i);
    balance=0;
    cout<<name<<",You have initialized an account!"<<endl;
}
void Account::save(double money)
{
    _____;                           //存款
    cout<<"You have saved "<<money<<" yuan!"<<endl;
}
bool Account::withdraw(double money)
{
    if(_____)                        //若余额不足
    {
        cout<<"Sorry, the balance of your account is not enough!"<<endl;
        return false;
    }
```

```
        else
        {
            balance=balance -money;                    //取款
            cout<<"You have withdrawn "<<money<<" yuan!"<<endl;
            return true;
        }
}
void Account::showBalance()                            //显示账户余额
{
    cout<<"The balance of your account is "<<balance<<" yuan!"<<endl;
}
Account::~Account()
{                                                       //释放动态内存空间
    _____;
    _____;
    _____;
}
/*************************** mainfile.cpp****************************/
#include <iostream>
#include "account.h"
using namespace std;
int main()
{
    char accountNum[20],name[30],idNum[20];
    int money;
    cout<<"Please input the account number、name and Id card number:";
    cin>>accountNum>>name>>idNum;
    _____;                                           //创建 Account 类对象 account1
    cout<<"Please input the money you want to save: ";
    cin>>money;
    _____;                                           //往账户中存入数额为 money 的钱
    account1.showBalance();
    cout<<"Please input the money you want to withdraw: ";
    cin>>money;
    if(_____)                                        //取款成功
        account1.showBalance();
    return 0;
}
```

4. 定义一个复数类 Complex,使用其成员函数 add 和 substract 实现两个 Complex 对象的相加和相减运算。程序的参考执行效果如下所示:

```
(3,4i)add(1,2i)is:(4,6i)
(3,4i)substract(1,2i)is:(2,2i)
```

请完善如下程序：

```cpp
#include <iostream>
using namespace std;
class Complex
{
public:
    Complex(){real=0 ; imag=0;}
    Complex(double r,double i):_____{};   //用参数初始化表初始化 real 和 imag
    void print();
    Complex add(Complex &c);
    Complex substract(Complex &c);
private:
    double real;                    //实部
    double imag;                    //虚部
};
void Complex::print()                       //以指定格式输出复数
{
    cout<<"("<<real<<","<<imag<<"i)"<<endl;
}
Complex Complex::add(Complex &c)            //实现复数相加
{
    Complex result;
    _____;
    _____;
    return result;
}
Complex Complex::substract(Complex &c)      //实现复数相减
{
    Complex result;
    _____;
    _____;
    return result;
}
int main()
{
    Complex complex1(3,4),complex2(1,2);
    Complex complex3;
    complex3=complex1.add(complex2);        //complex1 和 complex2 相加
    complex1.print();
    cout<<" add ";
    complex2.print();
    cout<<" is:";
    complex3.print();
```

```
cout<<endl;
complex3=complex1.substract(complex2);        //complex1 和 complex2 相减
complex1.print();
cout<<" substract ";
complex2.print();
cout<<" is:";
complex3.print();
cout<<endl;
return 0;
}
```

5. 请将上题改成用友元函数 add 和 substract 实现两个 Complex 类对象的相加和相减运算。

6. 栈是一种先进后出的数据结构,试定义 Stack 类,模拟数据的"入栈"、"出栈"等操作,然后利用该类实现将一个字符串逆序排列。程序的测试数据及相应的执行效果如下所示(有下划线的内容表示是输入):

Please input a string(shorter than 30 chars):<u>abcdefg</u>↙
The reverse string is:gfedcba

请完善如下程序:

```
/************************stack.h***************************/
const int stackMax=30;                        //定义栈的最大容量
class Stack
{
public:
    Stack();
    bool push(char ch);
    bool pop(char &ch);
private:
    char a[stackMax];                         //用数组存放栈中数据
    int top;                                  //栈顶元素下标
};
/************************stack.cpp***************************/
#include <iostream>
#include "stack.h"
using namespace std;
Stack::Stack()
{
    top=-1;
}
bool Stack::push(char ch)                     //入栈
{
if(top==stackMax-1)
```

```cpp
    {
        cout<<"The stack is full!";
        return false;
    }
    top++;
    _____;
    return true;
}
bool Stack::pop(char &ch)                       //出栈
{
    if(_____)
    {
        cout<<"The stack is empty!";
        return false;
    }
    ch=a[top];
    _____;
    return true;
}
/*************************mainfile.cpp*************************/
#include <iostream>
#include <string>
#include "stack.h"
using namespace std;
int main()
{
    char cstring[30];
    char revstring[30]="\0";
    int i;
    cout<<"Please input a string(shorter than 30 chars):";
    cin>>cstring;
    Stack st;
    for(i=0;i<strlen(cstring);i++)
    {
        if(_____)            //将 cstring 中的字符依次入栈,若栈满了就终止该操作
            break;
    }
    for(i=0;i<strlen(cstring);i++)
    {
        /*将栈中的字符依次出栈,存放到字符数组 revstring 中以实现字符串的逆序,若栈
        空就终止该操作 */
        if(_____)
            break;
    }
    cout<<"The reverse string is:";
    cout<<revstring<<endl;
```

```
        return 0;
    }
```

7. 求 $s = a + aa + aaa + \cdots + \overbrace{aaa\cdots aaa}^{n\text{个}a}$ 的值，其中 a 是一个 $1\sim9$ 之间的数字，n 是一个正整数。例如，若 $a=3$，$n=4$，则 $s=3+33+333+3333=3702$。请定义一个 Sum 类完成求 s 值的操作。程序具体要求如下：

（1）Sum 类中包含以下 private 数据成员：

- int a：对应公式中 a 的值。
- int n：对应公式中 n 的值。
- int sum：对应公式中 s 的值。

还有以下 public 成员函数：

- Sum(int a1, int n1)：构造函数，用形参 a1 和 n1 分别初始化 a 和 n，并初始化 sum 值为 0。
- void fsum( )：完成求和计算。
- void show( )：按指定格式输出求和公式及其结果。

（2）在 main 函数中完成类功能的测试：输入 a 和 n 的值，定义并初始化一个 Sum 类的对象 s，调用成员函数 fsum 求 s 的值，并按指定格式输出求和公式及其结果。

（3）程序的测试数据及相应的执行效果如下所示（有下划线的内容表示是输入）：

```
Please input the value of a and n: 3 4↙
s=3+ 33+ 333+ 3333=3702
```

8. 请设计一个字符串类 Words，可实现统计一个英文句子中的单词数量（若某个单词出现了多次，还是按多个单词算）。假设输入一个英文句子"Welcome to China pharmaceutical university!"，则输出其中的单词数量为 5。程序具体要求如下：

（1）Words 类中包含以下 private 数据成员：

- char str[10]：存放一个英文句子。
- int num：存放 str 中的英文单词数量。

还有以下 public 成员函数：

- Words(char * s)：构造函数。用 s 指向的字符串初始化 str，将 num 初始化为 0。
- void count()：统计 str 中的单词数量。
- void print()：输出英文句子及其中的单词数量。

（2）在 main 函数中完成类功能的测试。定义 Words 类的对象 w，输入一个英文句子 s，用 s 初始化 w 对象中的 str 成员。调用 count 函数统计该句子中的单词数量，输出这个英文句子及其中的单词数量。

（3）程序的测试数据及相应的执行效果如下所示（有下划线的内容表示是输入）：

```
Please input an English sentence: Welcome to China pharmaceutical university!↙
The sentence is: Welcome to China pharmaceutical university!
There are 5 words in this sentence.
```

第 9 章 运算符重载

上机实验目的

- 了解运算符重载在程序设计中的意义。
- 掌握以类的成员函数进行运算符重载的方法。
- 掌握以类的友元函数进行运算符重载的方法。

9.1 例 题 解 析

例 9-1　下面程序中重载了运算符"-",使其可用于计算任意两个日期间相差的天数(输入日期时,第二个日期要晚于第一个日期)。请仔细阅读程序,体会以友元函数方式重载双目运算符的方法。

程序代码:

```
/******************date.h:类 Date 的声明********************/
    class Date
    {
    public:
        Date(int y=1900,int m=1,int d=1);
        void print();
        int countDays();
        bool isLeapyear();
        friend int operator-(Date &d1,Date &d2);
    private:
        int year;
        int month;
        int day;
    };
/******************date.cpp:类 Date 的实现********************/
    #include <iostream>
    #include "date.h"
    using namespace std;
    Date::Date(int y,int m,int d)
    {
```

```
        year=y;
        month=m;
        day=d;
}
void Date::print()                            //以指定格式输出日期
{
        cout<<year<<"-"<<month<<"-"<<day;
}
bool Date::isLeapyear()                       //判断某一年是否是闰年
{
        if((year %4==0 && year %100 !=0)||(year %400==0))
            return true;
        else
            return false;
}
int Date::countDays()                         //计算当期日期是当年的第几天
{   //定义数组 days,使得数组元素的值和其下标之间的对应关系与天数和月份之间的对
    应关系相同
        int days[12]={31,28,31,30,31,30,31,31,30,31,30,31};
        int totaldays=0;
        if(isLeapyear())
            days[1]=29;
        for(int i=0;i<month-1;i++)
        {
            totaldays+=days[i];
        }
        totaldays+=day;
        return totaldays;
}
int operator- (Date &d2,Date &d1)  //重载"-"运算符函数,计算两个日期间相差的天数
{
        if(d1.year==d2.year)                  //两个日期的年份相同
        {
            if(d1.month==d2.month)            //两个日期的月份相同
                return d2.day -d1.day;
            else
                return d2.countDays()-d1.countDays();
        }
        else                                  //两个日期的年份不同
        {
            int daysbetween=0;
            daysbetween+=d2.countDays();      //计算后一个日期是当年的第几天
            if(!d1.isLeapyear())              //计算前一个日期距离年底还有多少天
                daysbetween+= (365 -d1.countDays());
```

```
        else
            daysbetween+=(366-d1.countDays());
        for(int i=d1.year+1;i<d2.year;i++)
                                //计算两日期中间隔的几年一共是多少天
        {
            Date temp(i); //创建指定年份的临时日期对象,以统计中间间隔几年的天数
            if(!temp.isLeapyear())
                daysbetween+=365;
            else
                daysbetween+=366;
        }
        return daysbetween;
    }
}
```

/*******************mainfile.cpp:main 函数中使用类 Date *******************/

```
    #include <iostream>
    #include "date.h"
    using namespace std;
    int main()
    {
        int year,month,day,intervaldays;
        cout<<"Please input year、month、day of the first date:";
        cin>>year>>month>>day;
        Date date1(year,month,day);
        cout<<"Please input year、month、day of the second date(later than the
        first date):";
        cin>>year>>month>>day;
        Date date2(year,month,day);
        intervaldays=date2-date1;
                        //重载"-"后便可将其用于计算两个 Date 类对象间相差的天数
        cout<<"Days between ";
        date1.print();
        cout<<" and ";
        date2.print();
        cout<<" is "<<intervaldays<<endl;
        return 0;
    }
```

程序的测试数据及相应的运行结果如下所示(有下划线的内容表示是输入):

```
Please input year、month、day of the first date:2012 2 18↙
Please input year、month、day of the second date(later than the first date):2015 10 6↙
Days between 2012-2-18 and 2015-10-6 is 1326
```

程序分析及相关知识点:

(1) 由于 C++ 的基本数据类型中没有日期数据类型,因此本例中定义了一个日期类 Date 存放日期型的数据。在该类中定义了三个数据成员:year、month、day 分别存放该日期的年、月、日属性值。由于运行结果中要以指定格式输出日期,因此定义了成员函数 print() 实现以指定格式(year-month-day)输出三个数据成员的值。

(2) "-"运算符本身不可以用于两个 Date 类对象的减法运算,这里需要重载该运算符,使其具有两个 Date 类对象相减的功能。运算符重载可通过类的成员函数和友元函数两种方式实现,双目运算符更适合用友元方式重载,因此本程序就是采用友元方式重载的"-"运算符。需要注意的是,友元函数不属于类的成员函数,因此应当在类的外面对友元函数进行定义,但同时还需要在存在友元关系的类中用关键字 friend 对该友元函数进行声明,否则该函数是不能访问类中的私有数据成员的。

运算符重载函数的一般形式为:

函数类型 operator 运算符名称(形参表)

本例中两个形参可以定义成 Date 类对象的引用,返回值为两个日期间相差的天数 (int 型),因此声明该重载函数的语句如下:

```
friend int operator-(Date &d1,Date &d2);
```

(3) 要计算任意两个日期间相差的天数,需要从以下三种情况去考虑:

① 如果两个日期同年又同月,则两个日期间相差的天数即为两个 Date 对象的 day 成员相减。

② 如果两个日期同年但不同月,则要分别计算这两个日期是这一年中的第几天,然后再相减,成员函数 countDays 的功能就是计算当前日期是一年中的第几天。

③ 如果两个日期不同年,则需要先统计以下三个数据:d1=年份小的日期,距离年底还有多少天;d2=年份大的日期是这一年的第几天;d3=两个日期间相隔的几年一共是多少天。两个日期间相差的天数即为 d1+d2+d3 的和。

本例中定义了成员函数 countDays 计算当前日期是一年中的第几天。需要注意,每个月的天数虽然不同,但基本上是固定的:1,3,5,7,8,10,12 月是 31 天,4,6,9,11 月是 30 天。如果当年不是闰年则 2 月份是 28 天,若是闰年则 2 月份是 29 天。

(4) 定义了"-"运算符的重载函数后,"-"就可直接用于两个 Date 型对象的减法运算了。想要得到两个日期 date1 和 date2 之间相差的天数 intervaldays,可用以下语句实现:

```
intervaldays=date2-date1;
```

C++ 编译系统会将该条语句解释为:

```
intervaldays=operator-(date2,date1);
```

来执行,即调用 operator-函数求 date2 和 date1 之间相差的天数,并将结果返回。

9.2 实 验 内 容

1. 定义一个点类 Point,记录平面上一个点的坐标(x,y)。以友元方式重载运算符
"-",使其可用来计算平面上两个点之间的距离。

程序的测试数据及相应的运行效果如下所示(有下划线的内容表示是输入):

```
Please input X and Y coordinates of the first point:0 0↙
Please input X and Y coordinates of the second point:5 5↙
Distance between(0,0)and(5,5)is:7.07107
```

2. 重载＋、－、*、/运算符,使它们可用于两个分数之间的运算。要求:通过键盘分
别输入两个分数的分子和分母,然后等待用户输入运算指令:输入 1 表示将两个分数相
加;输入 2 表示将两个分数相减;输入 3 表示将两个分数相乘;输入 4 表示将两个分数相
除;输入 0 表示结束程序。

提示:运算指令的输入和执行可用 while 循环结合 switch 语句来实现。注意,分数
运算的结果要约分,即将分子、分母分别除以两者的最大公约数。

程序的测试数据及相应的运行效果如下所示(有下划线的内容表示是输入):

```
Please input the numerator and denominator of the first fraction:7 10↙
Please input the numerator and denominator of the second fraction:1 5↙
Please input the operation: 1-add  2-substract  3-multiply  4-divide  0-exit:1↙
7/10 add 1/5 is:9/10
Please input the operation: 1-add  2-substract  3-multiply  4-divide  0-exit:2↙
7/10 subtract 1/5 is:1/2
Please input the operation: 1-add  2-substract  3-multiply  4-divide  0-exit:3↙
7/10 multiply 1/5 is:7/50
Please input the operation: 1-add  2-substract  3-multiply  4-divide  0-exit:4↙
7/10 divide 1/5 is:7/2
Please input the operation: 1-add  2-substract  3-multiply  4-divide  0-exit:0↙
Exit!
```

3. 重载运算符＋、－和＝分别实现两个等长一维数组的加法(对应元素加)、减法(对
应元素减)和数组之间的赋值。要求定义一维数组类 Array,可用于记录一个一维数组的
各元素值及数组元素个数。假设 x,y,z 是 Array 类的对象,x 的成员 arr[]={1,3,5,7,
9},y 的成员 arr[]={2,4,6,8,10},则执行 z＝x＋y 后,z 的成员 arr[]={3,7,11,15,
19}。请完善如下程序:

```
#include <iostream>
using namespace std;
class Array{
public:
    Array(float a[],int n)
```

```
    {
        for(int i=0;i<n;i++)
            _____;                          //用形参数组 a 初始化成员数组 arr
        size=n;
    }
    Array()
    {
        for(int i=0;i<20;i++)
            arr[i]=0;                          //将数组元素值全部初始化为 0
        size=0;
    }
    Array operator+(Array);
    Array operator-(Array);
    Array &operator=(Array &);
    int GetArray(float a[])
    {
        for(int i=0;i<size;i++)
            _____;                          //将成员数组 arr 赋值给形参数组 a
        return size;
    }
    void print()
    {
        for(int i=0;i<size;i++)
            cout<<arr[i]<<'\t';
        cout<<'\n'<<"size="<<size<<'\n';
    }
private:
    float arr[20];
    int size;
};
Array Array::operator+(Array a)
{
    Array result;
    for(int i=0;i<size;i++)
        _____;
    result.size=size;
    return result;
}
Array Array::operator-(Array a)
{
    Array result;
    for(int i=0;i<size;i++)
        _____;
    result.size=size;
```

```
        return result;
}
Array &Array::operator=(_____)
{
    for(int i=0;i<a.size;i++)
        arr[i]=a.arr[i];
    size=a.size;
    return _____;
}
int main(void)
{
    float a1[5]={1,3,5,7,9};
    float a2[5]={2,4,6,8,10};
    float a3[5];
    Array x(a1,5),y(a2,5),z;
    z=x+y;
    z.print();
    z=x-y;
    z.print();
    int n=_____;                      //将对象 x 的成员数组赋值给数组 a3
    for(int i=0;i<n;i++)
        cout<<a3[i]<<'\t';
    cout<<'\n'<<"size="<<n<<'\n';
    return 0;
}
```

第 10 章 继承和派生

上机实验目的

- 理解继承的含义,掌握派生类的定义和实现方法。
- 理解不同继承方式下,基类成员在派生类中的访问属性。
- 理解基类与派生类的构造函数、析构函数的调用和执行顺序。
- 掌握包含子对象的派生类中构造函数的定义方法,理解包含子对象的派生类中构造函数、析构函数的调用执行顺序。

10.1 例 题 解 析

例 10-1 下面程序可以求出圆、球体、圆柱体的表面积和体积。请仔细阅读程序代码,体会:基类和派生类中数据成员访问属性的设置,公用继承的相关知识,如何在派生类的构造函数中调用基类构造函数以初始化从基类继承来的数据成员。

程序代码:

```cpp
#include <iostream>
#include <cmath>
using namespace std;
const double PI=3.1415926;
class Circle
{
public:
    Circle(double r=0)
    {
        radius=r;
    }
    double area()
    {
        return PI * radius * radius;
    }
    double volume()
    {
        return 0;
```

```cpp
    }
protected:
    double radius;                    //保护成员 radius 表示圆的半径
};
class Sphere:public Circle             //Sphere 类以公用方式继承 Circle 类
{
public:
    Sphere(double r=0):Circle(r){}     //调用基类构造函数以初始化基类的数据成员 radius
    double area()
    {
        return 4 * PI * radius * radius;   //引用基类的保护成员
    }
    double volume()
    {
        return 4 * PI * pow(radius,3)/3;   //引用基类的保护成员
    }
};
class Cylinder:public Circle           //Cylinder 类以公用方式继承 Circle 类
{
public:
    Cylinder(double r=0,double h=0):Circle(r)
    {
        height=h;                      //初始化增加的数据成员 height
    }
    double area()
    {
        return 2 * PI * radius * (radius+height);
                                       //引用基类的保护成员和派生类的私有成员
    }
    double volume()
    {
        return PI * radius * radius * height;
                                       //引用基类的保护成员和派生类的私有成员
    }
private:
    double height;                     //私有成员 height 表示圆柱体的高
};
int main()
{
    Circle cir(2);
    Sphere sph(2);
    Cylinder cyl(2,5);
    cout<<"This Cirle's area is:"<<cir.area()<<",volume is:"<<cir.volume()<<endl;
    cout<<"This Sphere's area is:"<<sph.area()<<",volume is:"<<sph.volume()
```

```
        <<endl;
        cout<<"This Cylinder's area is:"<<cyl.area()<<",volume is:"<<cyl.volume()
        <<endl;
        return 0;
}
```

程序的运行结果如下所示：

```
This cirle's area is:12.5664,volume is:0
This sphere's area is:50.2655,volume is 33.5103
This cylinder's area is:87.9646,volume is 62.8319
```

程序分析及相关知识点：

（1）继承性是面向对象程序设计的主要特性之一，是实现软件重用的重要手段。一个类可自动获取它所继承的基类的属性（数据成员）和方法（成员函数），再通过增加自身的属性和方法来进一步扩充程序的功能。

设计具有继承关系的类时，要考虑基类通常具有一些派生类中也会用到的属性或方法。本例的基类 Circle 中的数据成员 radius 在其两个派生类 Sphere 和 Cylinder 中都发挥了作用。但派生类继承基类的成员时是不能有所选择的，必须全部继承过来，因此 Sphere 和 Cylinder 类同时也继承了 Circle 类中的求面积函数 area 和求体积函数 volume。这两个函数显然不能用于求球体或圆柱体的表面积和体积，这就必须在派生类中定义同名函数 area 和 volume，以覆盖基类继承来的这两个函数。本例中派生类 Sphere 和 Cylinder 中都定义了同名函数求各自对象的表面积和体积。需要注意的是，派生类中定义的同名函数不仅函数名要与基类相同，参数表也需要完全相同，否则就不能覆盖基类中的同名函数，而变成了函数重载。

（2）前面介绍过 private 和 public 这两种成员访问限定符：被指定为 private（私有）的数据成员只能被本类中成员函数所访问，不能在类外访问它们；被指定为 public（公用）的成员函数可在类外通过类的对象来调用执行。

本例中，Circle 类中的数据成员 radius 作为类的私有属性，本应声明为 private，但是基类中访问属性为 private 的数据成员只能被基类的成员函数所访问，派生类不管采用何种方式继承基类，都不能去访问基类的私有数据成员，这样 Sphere 和 Cylinder 类就不能访问从基类继承来的 radius 属性了。

为了解决这个问题，可将 radius 声明为 protected。用 protected 声明的成员称为受保护的成员，它不能在类外通过对象来访问，但可以被派生类的成员函数所访问。protected 这种访问属性刚好满足了基类 Circle 中 radius 成员的设计需要。事实上，protected 这种访问权限被广泛地用在具有继承关系的基类中，声明可被派生类成员函数访问但不能在类外被访问的成员。

（3）声明派生类的一般形式为：

```
class 派生类名:[继承方式]基类名
{
    派生类新增加的成员;
```

};

其中继承方式可以采用如下三个关键字指定：public 表示公用继承，private 表示私有继承，protect 表示保护继承。不同的继承方式决定了基类成员在派生类中的访问属性：若采用 public 方式继承，则基类的公用成员和保护成员在派生类中保持原有访问属性，私有成员仍为基类私有；若采用 private 方式继承，则基类的公用成员和保护成员在派生类中成了私有成员，私有成员仍为基类私有；若采用 protected 方式继承，则基类的公用成员和保护成员在派生类中成了保护成员，私有成员仍为基类私有。实际编程中，较多使用的是公用方式继承。

（4）上面提到派生类继承基类的成员时是不能有所选择，必须全部继承过来的，但派生类没能把基类的构造函数继承过来，因为基类的构造函数是不能被继承的。那么在定义派生类对象时，对继承过来的基类数据成员的初始化工作就必须由派生类的构造函数承担。派生类构造函数是通过调用基类构造函数来初始化基类中继承来的这些数据成员的。因此，派生类构造函数的一般形式为：

派生类构造函数名(总参数表):基类构造函数名(参数表)
{   派生类中新增数据成员初始化语句   }

需要注意的是，基类构造函数名后面括号内的参数表中只有参数名而没有参数的类型，因为这里是调用而不是定义基类构造函数，因此这些参数都是实参而不是形参。它们可以是常量、全局变量或派生类构造函数总参数表中的参数。

例 10-2　下面程序输出了不同时间段的英文问候语句。请仔细阅读程序代码，体会：如何在派生类中定义与基类同名的函数，如何在派生类中调用基类的同名函数，基类与派生类的构造函数、析构函数的调用执行顺序。

程序代码：

```cpp
#include <iostream>
#include <string>
using namespace std;
class Base{
public:
    Base(char x1[],char y1[])          //为基类定义带参数的构造函数
    {
        x=new char[strlen(x1)+1];
        strcpy(x,x1);
        y=new char[strlen(y1)+1];
        strcpy(y,y1);
        cout<<"Base constructed!"<<endl;
    }
    void print()
    {
        cout<<"问好提示:"<<endl;
        cout<<"早上:"<<x<<endl;
```

```
            cout<<"中午:"<<y<<endl;
        }
        ~Base()                              //基类析构函数
        {
            delete[]x;
            delete[]y;
            cout<<"Base destructed!"<<endl;
        }
    private:
        char * x, * y;                       //声明数据成员
};
class Derived: public Base                   //声明派生类 Derived 公用继承于类 Base
{
    public:
        Derived(char x1[],char y1[],char z1[]):Base(x1,y1)
                                             //注意派生类构造函数的写法
        {
            z=new char[strlen(z1)+1];
            strcpy(z,z1);
            cout<<"Derived constructed!"<<endl;
        }
        void print();
        {
            Base::print();                   //调用基类的成员函数 print,需用"类名::"指明
            cout<<"晚上:"<<z<<endl;
        }
        ~Derived()                           //派生类析构函数
        {
            delete[]z;
            cout<<"Derived destructed!"<<endl;
        }
    private:
        char * z;
};
int main()
{
    Derived greeting("Good morning!","Good afternoon!","Good evening!");
    greeting.print();
    return 0;
}
```

程序的运行结果如下所示:

Base constructed!
Derived constructed!

问好提示：

早上:Good morning!

中午:Good afternoon!

晚上:Good evening!

Derived destructed!

Base destructed!

程序分析及相关知识点：

(1) 例 10-1 展示了派生类构造函数是通过调用基类构造函数来初始化基类中继承来的数据成员的。本例则验证了创建一个派生类对象时执行构造函数的顺序：派生类构造函数 Derived 会先调用基类构造函数 Base 初始化基类继承过来的数据成员 x 和 y，输出"Base constructed!"；再执行派生类构造函数本身以初始化派生类中增加的数据成员 z，输出"Derived constructed!"。释放一个派生类对象时，析构函数的执行顺序与构造函数的执行顺序相反：先执行派生类的析构函数，再执行基类析构函数。因此先输出"Derived destructed!"，再输出"Base destructed!"。

(2) 派生类 Derived 中重新定义了基类的同名成员函数 print，该函数会覆盖从基类 Base 公用继承下来的成员函数 print。由于本例中在定义派生类的 print 函数时要调用基类的 print 函数实现一些功能，如果直接写 print()，编译器会理解为调用派生类自身的 print 函数。这种情况就需在调用的 print 函数前加上"基类名::"，指明这里调用的是基类中的 print 函数，即用 Base::print()语句来实现。

10.2 实 验 内 容

1. 定义一个 Point 类，可表示平面上某个点的坐标，并能计算平面上两个点之间的距离。再定义一个 Circle 类公有继承自 Point 类，可表示平面上某个位置的圆，并可判断平面上两个圆之间的关系：相交、相切、相离。程序的参考执行效果如下所示：

Circle1:coordinate= (0,0)   radius=5

Circle2:coordinate= (6,6)   radius=5

The two circles are separate.

请完善以下程序：

```
/*************************point_circle.h*************************/
    class Point
    {
    public:
        Point(double x,double y);
        void print();
        double distance(Point &p);
    protected:
        double xCoordinate;
```

```cpp
        double yCoordinate;
    };
    class Circle:public Point
    {
    public:
        Circle(double x,double y,double r);
        void print();
        void relation(Circle &c);
    private:
        double radius;
    };
/*************************point_circle.cpp*************************/
    #include<iostream>
    #include<math.h>
    #include "point_circle.h"
    using namespace std;
    Point::Point(double x,double y)
    {
        _____;
        _____;
    }
    void Point::print()                    //输出点的坐标
    {
        cout<<"coordinate= ("<<xCoordinate<<','<<yCoordinate<<")"<<"   ";
    }
    double Point::distance(Point &p)  //计算两点之间的距离
    {
        _____;
    }
    Circle::Circle(double x,double y,double r):_____
                                //调用基类构造函数初始化圆心坐标

    {
        radius=r;
    }
    void Circle::print()
    {
        _____;                          //调用基类的 print 方法输出圆心的坐标
        cout<<"radius="<<radius<<endl;
    }
    void Circle::relation(Circle &c)
    {
        if(_____)                       //若两圆相离
            cout<<"The two circles are separate."<<endl;
        else if(_____)                  //若两圆相切
```

```
            cout<<"The two circles are tangent."<<endl;
        else if(_____)                    //若两圆相交
            cout<<"The two circles are intersection."<<endl;
    }
/*********************mainfile.cpp***************************/
    #include <iostream>
    #include "point_circle.h"
    using namespace std;
    int main()
    {
        Circle c1(0,0,5),c2(6,6,5);
        cout<<"Circle1: ";
        c1.print();
        cout<<"Circle2: ";
        c2.print();
        c1.relation(c2);
        return 0;
    }
```

2. 编写一个简单的高校人事信息管理程序,能够记录并输出教师的个人信息,并统计他/她的月薪数额。要求：

(1) 定义 Date 类,包含以下 private 数据成员：

- int year：年。
- int month：月。
- int day：日。

还有以下 public 成员函数：

- Date(int y,int m,int d)：构造函数。初始化一个日期中的年 year、月 month、日 day。
- void print()：以"年-月-日"的格式输出一个日期。

(2) 定义基类 Teacher,包含以下 protected 数据成员：

- string id：教师工号。
- string name：教师姓名。
- Date birthday：教师出生日期,是一个 Date 类型的子对象。
- float salary：教师的月薪。

还有以下 public 成员函数：

- Teacher(string id,string na,int ye,int mo,int da,float sal)：构造函数。对该教师的工号 id、姓名 name、出生日期 birthday、基本月薪 salary 和每月授课数量 classes 分别进行初始化。
- void print()：输出教师的个人信息,具体输出格式参见"程序的测试数据及相应的执行效果"。
- void salary_calculate()：统计月薪数额。若月薪数额超过 5000 元,则超过

5000 元的部分需要缴纳 5% 的个人所得税。

（3）定义讲师类 Lecturer 公有继承 Teacher 类，增加以下 private 数据成员：

- int classes：该讲师每月授课的数量。

增加或重定义以下 public 成员函数：

- Lecturer(string id, string na, int ye, int mo, int da, float sal, int cl)：构造函数。对该讲师的工号 id、姓名 name、出生日期 birthday、基本月薪 salary 和每月授课数量 classes 分别进行初始化。
- void salary_calculate()：统计月薪数额。若该讲师每月授课数量超过了 60 节，则超出部分按照每节课 50 元计算月薪。最终该讲师的月薪为：基本月薪＋超课时费－个人所得税。

（4）定义教授类 Professor 公有继承 Teacher 类，增加以下 private 数据成员：

- int classes：该教授指导的研究生人数。

增加或重定义以下 public 成员函数：

- Professor(string id, string na, int ye, int mo, int da, float sal, int gra)：构造函数。对该教授的工号 id、姓名 name、出生日期 birthday、基本月薪 salary 和指导的研究生人数 graduates 分别进行初始化。
- void salary_calculate()：统计月薪数额。教授每指导一名研究生，月薪可以增加 500 元。最终该教授的月薪为：基本月薪＋指导研究生人数×500－个人所得税。

（5）在 main 函数中先创建一个 Lecturer 类对象，计算他/她的月薪并输出该讲师的个人信息。再创建一个 Professor 类对象，计算他/她的月薪并输出该教授的个人信息。

（6）程序的测试数据及相应的执行效果如下所示（有下划线的内容表示是输入）：

```
Please input id, name, birthday, basic salary and class number this lectures
teaches:
T1026 Helen 1980 3 21 5000 85↙
*********************************************
Id:T1026
Name:Helen
Birthday:1980-3-21
Salary:6187.5
*********************************************
Please input id,name,birthday,basic salary and gruaduate number this professor
guides:
T0089 Frank 1965 10 3 8000 6↙
*********************************************
Id:T0089
Name:Frank
Birthday:1965-10-3
Salary:10700
*********************************************
```

3. 参考本书第 8 章实验内容第 3 题完成本程序。具体要实现的功能如下：

（1）由 Account 类派生出一个信用卡类 CreditCard,增加以下数据成员：

• string cardNum：信用卡号。

• string password：信用卡密码。

• double creditline：透支限额。

增加或重定义以下成员函数：

• CreditCard(Account &account, string num, string pw, double cl)：派生类构造函数。使用已开通账户的账号、姓名、身份证号码、账户余额等信息对信用卡中的相应变量进行初始化,同时根据程序输入初始化信用卡号、密码和透支限额。

• bool check(string pw)：检查用户输入的密码是否正确。正确就返回 true,错误则返回 false。

• void save(double money)：实现还款操作。若存钱后发现账户余额还是小于 0,要提示"You still have *** yuan to pay!"。

• bool withdraw(double money)：实现取款操作。取款成功则返回 true;若取款金额超出透支额则返回 false,并给出错误提示。

（2）在 main 函数中先创建一个 Account 对象,再创建一个 CreditCard 类的对象,实现在已有的银行账户中开通本信用卡,模拟一次取钱和还款操作。不论存钱还是取钱,操作完成后都要显示账户余额。

（3）程序的测试数据及相应的执行效果如下所示(有下划线的内容表示是输入)：

Please input the account number、name and Id card number::201513501 Lisa 1020100516

Lisa ,You have initialized an account!

Please input the cardnumber, password and creditline of the creditcard:
6220123456789876 123456 5000

Lisa, ,You have activated a creditcard!

Please input the password of this creditcard:12345

The password is wrong !

Please input the password of this creditcard:123456

Please choose the operation:1-save money 2-withdraw money 3-show balance 0-exit
2

Please input the money you want to save:8000

Sorry, the balance of your account is not enough!

Please re-input the command!

Please choose the operation:1-save money 2-withdraw money 3-show balance 0-exit
2

Please input the money you want to withdraw:3000

You have withdrawn 3000 yuan!

Please choose the operation:1-save money 2-withdraw money 3-show balance 0-exit
1

Please input the money you want to save:1000

You have saved 1000 yuan!

You still need to pay 2000 yuan!

Please choose the operation:1-save money 2-withdraw money 3-show balance 0-exit

3↙

The balance of your account is -2000 yuan!

Please choose the operation:1-save money 2-withdraw money 3-show balance 0-exit

0↙

Exit!

请完善以下程序：

```
/***************************account_creditcard.h***************************/
    #include<string>
    using namespace std;
    class Account{
    public:
        Account(string a, string n, string i);
        Account::Account(Account &);          //重载复制构造函数
        void save(double money);
        bool withdraw(double money);
        void showBalance();
    protected:
        string accountNum;              //账号
        string name;                    //姓名
        string idNum;                   //身份证号码
        int balance;                    //账户余额
    };

    class CreditCard:public Account
    {
    public:
        CreditCard(Account &acc,string num,string pw,double cl);
        bool check(string pw);
        void save(double money);
        bool withdraw(double money);
    private:
        string cardNum;                 //信用卡号
        string password;                //密码
        double creditline;              //透支限额
    };
/***************************account_creditcard.cpp***************************/
    #include <iostream>
    #include <string.h>
    #include <cmath>
    #include "account_creditcard.h"
    using namespace std;
```

```
Account::Account(string a, string n, string i)
{
    accountNum=a;
    name=n;
    idNum=i;
    balance=0;
    cout<<name<<",You have initialized an account!"<<endl;
}
Account::Account(Account &a)
                        //定义复制构造函数,复制已有 Account 对象 a 中的信息
{
    accountNum=a.accountNum;
    name=a.name;
    idNum=a.idNum;
    balance=a.balance;
}
void Account::save(double money)
{
    balance+=money;
    cout<<"You have saved "<<money<<" yuan!"<<endl;
}
bool Account::withdraw(double money)
{
    if(money >balance)
    {
        cout<<"Sorry, the balance of your account is not enough!"<<endl;
        return false;
    }
    else
    {
        balance -=money;
        cout<<"You have withdrawn "<<money<<" yuan!"<<endl;
        return true;
    }
}
void Account::showBalance()
{
    cout<<"The balance of your account is "<<balance<<" yuan!"<<endl;
}
CreditCard::CreditCard(Account &acc,string num,string pw,double cl):
{
    cardNum=num;
    password=pw;
    creditline=cl;
```

```cpp
        cout<<name<<",You have activated a creditcard!"<<endl;
    }
    bool CreditCard::check(string pw)
    {
        if(_____)                          //若密码正确
            return true;
        else
            return false;
    }
    void CreditCard::save(double money)
    {
        balance+=money;
        cout<<"You have saved "<<money<<" yuan!"<<endl;
        if(balance<0)
            cout<<"You still need to pay "<<._____<<" yuan!"<<endl;
    }
    bool CreditCard::withdraw(double money)
    {
        if(_____)                          //若取款金额超出透支限额
        {
            cout<<"Sorry, the balance of your account is not enough!"<<endl;
            return false;
        }
        else
        {
            balance -=money;
            cout<<"You have withdrawn "<<money<<" yuan!"<<endl;
            return true;
        }
    }
/*************************mainfile.cpp*****************************/
    #include <iostream>
    #include <string>
    #include "account_creditcard.h"
    using namespace std;
    int main()
    {
        string accountNum,name,idNum;
        string cardNum,password;
        double creditline;
        int money;
        cout<<"Please input the account number,name and Id card number:";
        cin>>accountNum>>name>>idNum;
        Account account1(accountNum,name,idNum);    //创建 Account 类对象 account1
```

```
cout< <" Please  input  the  cardnumber, password  and  creditline  of  the
creditcard:";
cin>>cardNum>>password>>creditline;
_____;                      //在账户 account1 基础上创建 CreditCard 类对象 credit1
while(true)
{
    string password;
    cout<<"Please input the password of this creditcard: ";
    cin>>password;
    if(_____)                              //检查密码是否正确
        break;
    else
        cout<<"The password is wrong !"<<endl;
}
while(true)
{
    cout<<"Please choose the operation:1-save money 2-withdraw money 3-
    show balance 0-exit"<<endl;
    int command;
    cin>>command;
    if(command==0)
    {   cout<<"Exit!";
        _____;
    }
    else
    {
        switch(command)
        {
        case 1:
            {
                cout<<"Please input the money you want to save: ";
                cin>>money;
                _____;                      //执行存款操作
                break;
            }
        case 2:
            {
                cout<<"Please input the money you want to withdraw: ";
                cin>>money;
                if(_____)                      //取款不成功
                    cout<<"Please re-input the command!"<<endl;
                break;
            }
        case 3:
```

```
            {
                _____;                            //显示余额
            break;
            }
        }
    }
    return 0;
}
```

第11章 多态性与虚函数

上机实验目的

- 理解程序实现动态多态性的前提条件。
- 理解虚函数在类的继承层次中的作用,掌握虚函数的定义及利用虚函数实现动态多态性的方法。
- 能够对使用虚函数的简单程序写出程序运行结果。
- 掌握纯虚函数、抽象类的概念。

11.1 例 题 解 析

例 11-1 仔细阅读下述程序代码,体会虚函数的相关概念。

程序源码:

```cpp
#include <iostream>
using namespace std;
class Point
{
public:
    virtual double area(){  return 0;  }          //定义虚函数 area
};
class Rectangle:public Point
{
public:
    Rectangle(double i,double j)
    {
        width=i;
        height=j;
    }
    virtual double area()
                //派生类 Rectangle 中重定义了虚函数 area(virtual 说明符可省)
    {
        return width * height;
    }
```

```
private:
    double width,height;
};
class Circle:public Point
{
public:
    Circle(double i){r=i;}
    virtual double area()
                    //派生类 Circle 中重定义了虚函数 area(virtual 说明符可省)
    {
        return 3.14 * r * r;
    }
private:
    double r;
};
void fun(Point &s)
{
    cout<<"The area is: "<<s.area()<<endl;          //调用虚函数 area
}
int main()
{
    Point zero;
    Rectangle rec(5,6);
    Circle cir(2);
    fun(zero);
    fun(rec);
    fun(cir);
    return 0;
}
```

程序的运行结果如下所示：

```
The area is:0
The area is:30
The area is:12.56
```

程序分析及相关知识点：

（1）本程序示范了虚函数的定义及使用。虚函数是函数重载的另一种表现形式,通过虚函数可以实现运行时的多态性。即函数调用与函数体之间的联系在运行时才建立,也就是在运行时才决定如何动作。由于程序是在运行阶段才把虚函数和类对象绑定在一起,这个过程也称为"动态关联"。

虚函数的一般定义格式为在函数的声明语句前加上关键字 virtual：

virtual 函数类型 函数名称(参数列表);

（2）使用虚函数时需要注意：

① 派生类的虚函数和基类的虚函数具有相同的函数名称、函数类型、参数个数和参数类型，也就是说"从外形上"看，两个函数的函数头是完全一样的。

② 基类中说明的虚函数具有自动向下传的性质，当某个成员函数被声明为虚函数后，其派生类中的同名函数都会自动成为虚函数。因此在派生类中重新声明该虚函数时，可以加 virtual，也可以不加。推荐在每层类中声明该函数时都加 virtual，这样可使得程序的可读性更好。

③ 只有非静态成员函数才能说明为虚函数，静态成员函数和内联函数都不能声明为虚函数。

④ 构造函数不能声明为虚函数，但析构函数可以声明为虚函数。

（3）本例中，基类 Point 中定义了虚函数 double area()，则派生类 Rectangle 和 Circle 中的函数 area 也都成为了虚函数。fun 函数的参数 s 具有动态关联的特性，在 fun() 内调用哪个对象的 area() 是在运行过程中才能确定的。在 main 函数中第一次调用 fun 时，实参为基类 Point 的对象 zero，所以执行 zero 中的函数 area 返回 0。第二、第三次调用 fun 时，实参分别为派生类 Rectangle、Circle 类的对象 rec、cir，所以依次调用 rec、cir 中的函数 area 计算了矩形、圆的面积。

（4）基类 Point 里的虚函数定义语句 virtual double area(){return 0;}也可以写成：

virtual double area()=0

采用这种方式声明的虚函数为纯虚函数。纯虚函数没有函数体，被声明为纯虚函数的函数在当前类中不需要给出它的实现，函数的具体功能留待派生类根据需要去定义。凡是包含纯虚函数的类都是抽象类，抽象类的用途就是将其作为基类去建立派生类。因为纯虚函数是不能被调用的，所以抽象类是无法创建对象的。如本例中，若将 area 函数声明成纯虚函数，那么 Point 类就成了一个抽象类，再在 main 函数中定义 Point 类对象 zero 就是非法的，不能通过编译。

（5）请思考：

① 若将 func() 的参数 Point &s 改为 Point s（即使用值传递），运行程序会得到什么结果？为什么？

② 若将 func() 的参数 Point &s 改为 Point * s（即使用指针传递），同时修改程序中相关部分，再运行程序会得到什么结果？为什么？

11.2　实　验　内　容

1. 编写一个简单的超市食品类商品的管理程序。要求：

（1）定义一个基类 Food，包含以下 protected 数据成员：

• string idNo：商品编号。

• string name：商品名称。

- float purchasePrice：进货价格。
- float sellingPrice：销售价格。
- float profit：销售利润。

还有以下 public 成员函数：

- Food(string no,string na,float pp,float sp)：构造函数。通过形参对商品的编号 idNo、名称 name、进货价格 purchasePrice 和销售价格 sellingPrice 分别进行初始化。销售利润初始化为 0。
- virtual void print()：以指定格式输出该商品的编号、名称、进货价格、销售价格及销售利润。具体输出格式参见"程序的测试数据及相应的执行效果"。将该函数声明为虚函数。

（2）定义饮料商品类 Drink 公用继承 Food,增加以下 private 数据成员：

- int amount：饮料的库存数量（以瓶为单位）。

增加或重定义以下 public 成员函数：

- Drink(string no,string na,float pp,float sp,int am＝0)：构造函数。对某种饮料的商品编号 idNo、名称 name、进货价格 purchasePrice、销售价格 sellingPrice 和库存数量 amount 分别进行初始化。
- virtual void print()：以指定格式输出该饮料的编号、名称、进货价格、销售价格、销售利润及库存数量。具体输出格式参见"程序的执行效果"。
- void purchase(int num)：进货,库存数量增加。
- void sell(int num)：售出饮料,同时统计利润。若顾客购买数量超出了商品库存,则提示"There is not enough commodity to sell!"。

（3）定义水果商品类 Fruit 公用继承 Food,增加以下 private 数据成员：

- float weight：水果的库存重量（以公斤为单位）。

增加或重定义以下 public 成员函数：

- Fruit(string no,string na,float pp,float sp,float wei＝0)：构造函数。对某种水果的商品编号 idNo、名称 name、进货价格 purchasePrice、销售价格 sellingPrice 和库存重量 weight 分别进行初始化。
- virtual void print()：以指定格式输出该水果的编号、名称、进货价格、销售价格、销售利润及库存重量。具体输出格式参见"程序的执行效果"。
- void purchase(float wei)：进货,库存重量增加。
- void sell(float wei)：售出水果,同时统计利润。若顾客购买重量超出了商品库存,则提示"There is not enough commodity to sell!"。

（4）定义函数 check,用多态的方式调用食品类族中不同类的 print 函数,达到对不同类的商品对象输出其相关信息的目的。

（5）在 main 函数中分别创建一个 Drink 类和 Fruit 类的对象,进行一些进货和销售的操作,然后输出两种商品的相关信息。

程序的执行效果如下所示：

****

Id Number:no101
Commodity name:Cola
Selling Price:3.5
Purchase Price:2.2
The profit of Cola is:9.1
Stock amount(bottles):93
****
Id Number:no201
Commodity name:Apple
Selling Price:5.6
Purchase Price:3.8
The profit of Cola is:28.44
Stock weight(kilos)::104.2

请完善以下程序：

```
/***************************food.h***************************/
    #include <string>
    using namespace std;
    class Food                                    //食品商品类
    {
    public:
        Food(string no,string na,float pp,float sp);
        virtual void print();
    protected:
        string idNo;
        string name;
        float purchasePrice;
        float sellingPrice;
        float profit;
    };
    class Drink:public Food                       //饮料商品类
    {
    public:
        Drink(string no,string na,float pp,float sp,int am=0);
        virtual void print();
        void purchase(int num);
        void sell(int num);
    private:
        int amount;                               //数量
    };
    class Fruit:public Food                       //水果商品类
    {
    public:
        Fruit(string no,string na,float pp,float sp,float wei=0);
```

```cpp
        virtual void print();
        void purchase(float wei);
        void sell(float wei);
    protected:
        float weight;                                          //重量
    };
/***********************food.cpp***********************/
    /***请在本文件中对 food.h 文件中声明各类成员函数进行定义****/



/***********************mainfile.cpp***********************/
    #include "food.h"
    #include <iostream>
    using namespace std;
    void check(Food &f);
    int main()
    {
        Drink d1("no101","Cola",2.2f,3.5f);
        Fruit f1("no201","Apple",3.8f,5.6f);
        d1.purchase(100);
        d1.sell(2);
        d1.sell(5);
        f1.purchase(120);
        f1.sell(5.2f);
        f1.sell(10.6f);
        check(d1);
        check(f1);
        return 0;
    }
    void check(Food &f)
    {
        _____;                                    //输出某种食品的相关信息
    }
```

2. 编写一个学生和教师信息输入和显示的程序,学生信息有编号、姓名、班级和成绩,教师信息有编号、姓名、职称和所属教研室。请按要求设计基类 Person,并由此派生出学生类 Student 和教师类 Teacher。具体要求如下:

(1) 定义基类 Person,包含以下 protected 数据成员:

• int pid:编号。

• char pname[10]:姓名。

还有以下 public 成员函数:

• Person(int id, char name[ ]):构造函数,分别用 id 和 name 初始化 Person 类的

数据成员 pid 和 pname。

- void show( )：请设计成虚函数，功能是输出 pid 和 pname 的值。

（2）Student 类：公用继承 Person 类，请根据题目描述设计适当的成员

（3）Teacher 类：公用继承 Person 类，请根据题目描述设计适当的成员。

（4）编写函数 void func(Person ＊p)，其功能是根据参数 p 所指的对象调用恰当的 show()成员函数来输出指定的学生对象或者教师对象的信息。

（5）编写 main 函数对程序功能进行测试。

程序的参考执行效果如下所示：

```
This is a student:
Id=1036  name=Peter  major=pharmacy  classid=16  grade=3
This is a teacher:
Id=2018  name=Lucy  jobtitle=lecturer  department=school of science
```

3. 编写程序，利用虚函数实现多态性求 4 种几何图形的面积。这 4 种几何图形分别是三角形、矩形、正方形和圆。几种图形的面积可通过以下规则来计算：

- 已知三角形底边长为 w，高为 h，则三角形的面积为 area＝w＊h/2；
- 已知矩形高度为 h，宽度为 w，则矩形的面积为 area＝h＊w；
- 已知正方形边长为 s，则正方形的面积为 area＝s＊s；
- 已知圆的半径为 r，则圆的面积为 area＝3.14＊r＊r。

首先定义一个表示形状的抽象类 Shape，在其中定义求图形面积的函数 area。由于图形面积的计算是由图形具体的形状决定的，因此 Shape 类中只能将 area 定义成一个纯虚函数。

然后由 Shape 类分别派生出三角形类（Triangle）、矩形类（Rectangle）、正方形类（Square）和圆类（Circle），在各派生类中定义求不同形状面积的函数 area。

最后在 main 函数中分别创建一个 Triangle 对象、一个 Rectangle 对象、一个 Square 对象和一个 Circle 对象。通过动态关联的方法调用 area 函数求 4 个图形的面积。

程序的测试数据及相应的运行效果如下所示（有下划线的内容表示是输入）：

```
Please input width and height of a triangle:3 5↙
The area of this triangle is:7.5
Please input width and height of a rectangle:4 6↙
The area of this rectangle is:24
Please input side length of a square:5↙
The area of this square is:25
Please input radius length of a circle:3↙
The area of this circle is:28.26
```

第 12 章 常见错误及调试

通常情况下，刚编写出的程序或多或少都会有一些错误。程序中的错误经常被称为bug，而排除程序中错误的操作就称为 debug。只有熟悉程序中常见的 bug，并使用正确的方法进行 debug，才能顺利改正程序中的各种错误，得到正确的程序。

程序中的错误主要可以分为两种类型：语法错误和逻辑错误。语法错误是指编写出的代码违反了编程语言有关语法规则而产生的错误。逻辑错误是指编写出的代码不能实现程序预定的处理功能要求而产生的错误。

语法错误相对比较容易查找和排除。因为运行一段程序之前，必须要先对源代码进行编译，编译器在编译（Compile）一段 C++ 程序时会自动检查该程序中是否存在语法错误并给出提示，编程者只需要根据系统提示的语法错误信息将这些错误改正即可。

逻辑错误相对较为隐蔽，这类错误可能会造成程序运行陷入死循环等异常情况，但大多数发生这类错误的程序都能够正常执行，只是得到的运行结果与程序预期的处理结果不同。逻辑错误主要是由于计算机解决问题的步骤，也就是算法的错误造成的。想要改正逻辑错误，编程者首先必须仔细分析程序，找出代码中逻辑不合理的步骤加以改正。但是仅通过分析代码往往仍然无法觉察程序中隐含的逻辑错误，这时就需要借助于Visual C++ 集成开发环境提供的调试工具来查找错误原因，再进行改正。

本章将在 12.1 节介绍一些编程中较为常见的语法错误，初学者也要注意积累平时编程实践中遇到过的语法错误及相应的改正方法，时刻提醒自己避免再犯这些错误，这样才能逐步提高写代码的正确率。12.2 节将以一段存在逻辑错误的程序为例，详细介绍程序调试的方法和步骤。

12.1　常　见　错　误

编译一段代码时，编译器会自动检测出程序中所有的语法错误并将其一一列举在Visual C++ 6.0 集成开发环境的 Build 窗口中。用鼠标双击某一条错误提示行（或按 F4键会顺序选择各错误提示行），该行提示将反白显示，同时源代码编辑窗口的左侧会出现一个蓝色箭头指向发生该语法错误或受该语法错误影响的代码行，如图 12-1 所示。编程者可根据错误类型提示对箭头所指语句中的语法错误进行修改。需要注意的是，有时一行代码存在语法错误可能会导致编译系统在编译时误判，把该行代码的后续若干条语句都认为是错的，从而报出很多错误。但只要把这个错误改掉，后续的语句就能通过编译了。还可能前面的某个大错误会将后面某些语句的错误掩盖掉。所以当改正了前面的错误后，可能会使错误量减少很多，也可能增加很多。因此，正确的做法应当是一次只修改一条错误，之后立即重新编译，再根据重新产生的错误列表修改后续错误，不要试图把错误列表中提示的错误全部修改完毕之后再编译。

图 12-1　双击 error 提示错误代码位置

只有正确理解各种错误提示语句的含义，才能有针对性的改正程序中存在的这些语法错误。下面介绍一些较为常见的错误提示语句及其含义。

12.1.1　编译时可能会报的语法错误

大部分的语法错误都可以被编译器在编译程序时发现并报出，下面列举了一些初学者在编程时常遇到的语法错误。

1. error C2146：syntax error ：missing ';' before identifier '***'

说明：标识符***前缺少分号。该错误通常是由于前一条语句结尾处遗漏分号造成的。C++规定语句必须以分号结尾，因为分号是语句的一个组成部分，没有分号的代码就不是语句。这类错误常见于初学者，还没有习惯在每行代码后输入分号，造成部分语句便可能遗漏。

除了每条语句的结尾需要加分号，do-while 循环、结构体和类的声明等语句的后面也需要加分号，输入代码时都需要注意。

2. error C2065：'***'：undeclared identifier

说明：代码中有无法识别的标识符***。此类错误可能产生的原因有多种，例如下面这段代码中多条语句处都会报这个错误。

```cpp
#include <iostream>
using namespace std;
int main()
{
    int Num=3;
    cout<<a<<endl;          //①变量 a 未声明
    cout<<num<<endl;        //②变量 num 未声明,第一行语句声明的是变量 Num
    cout<<end;              //③关键字拼写错误,换行符是 endl
    greet();                //④调用了未在该语句前声明或定义的函数
    cout<<sqrt(5)<<endl;    //⑤必须 include 头文件 cmath,否则无法识别 sqrt 函数
    return 0;
}
void greet()
{   cout<<"hello!";   }
```

关于这些错误的说明如下:

① C++ 规定所有的变量在使用前都必须先定义,如果程序中使用了未事先声明的变量就会无法识别。

② 如果在使用某变量时,变量名的大小写和声明该变量时不一致,编译器就会认为这是一个未经声明的变量,从而无法识别。

③ 如果将某些 C++ 的关键字拼写错,编译器无法识别出它的含义,也只能报错。

④ C++ 规定所有函数在使用之前必须先声明或者先定义,如果在函数调用语句后才定义函数,调用语句前也未作该函数的声明,系统无法识别此处调用的函数,会报无法识别函数名的错误。

⑤ 若代码中使用了系统的库函数,则必须使用 include 命令将包含该函数信息的头文件包含到当前源代码文件中,否则编译器将无法识别。

下面这段代码,程序也会报标识符无法识别的错误。因为在 Test 类外定义该类的成员函数时,必须在函数名前加上"类名::",否则系统会认为这里定义的 print 是一个普通函数。在 print 函数中访问类中私有数据成员 a 时,编译器会将 a 看作一个普通的全局变量,但程序中并没有全局变量 a 的声明,便会报此错误。

```cpp
#include <iostream>
using namespace std;
class Test
{
public:
    void print();
private:
    int a;
};
void print()                    //这里应该写成 void Test::print()
```

```
{
    cout<<a<<endl;              //如果 print()是一个普通函数,就不能访问类的私有成员 a
}
int main()
{
    Test t;
    t.print();
    return 0;
}
```

3. error C2018：unknown character '0x**'

说明：无法识别的字符(一般是程序中使用了中文标点或全角空格)。这种情况大部
分是从别的文字编辑器中直接把代码复制到 Visual C++ 6.0 中导致的。

4. error C2086：'***'：redefinition

说明：***重复定义。不论变量重复定义还是函数重复定义都会报这种错误。特别
要注意定义重载函数的时候,两个同名函数至少要在参数个数、参数类型或参数顺序上有
所不同,如果仅仅是返回值或函数体不同,还是会被认作函数重复定义的。

5. error C2440：'initializing'：cannot convert from '***' to '＃＃＃'
     error C2440：'='：cannot convert from '***' to '＃＃＃'

说明：无法将＊＊＊转换成＃＃＃。如果在变量初始化语句或赋值语句中试图对两
个类型不兼容的数据进行赋值操作,便会报此错误。如下代码所示：

```
#include <iostream>
using namespace std;
int main()
{
    char a;
    a="ab";                  //error:cannot convert from 'char [3]' to 'char'
    int * p=3;               //error:cannot convert from 'constant' to 'int * '
    return 0;
}
```

6. fatal error C1004：unexpected end of file found

说明：意外的文件结尾,也就是文件没有正常结束。当编译器报这类错误时,主要需
要排查程序中的花括号是否匹配。

C++ 规定函数的函数体必须用一对花括号括起来,如果某个函数的结尾处没有"}",
编译器会认为文件中的源代码并没有写完,故报此错误。

有的时候,如果选择、循环等语句的结构不完整,编译器也会识别成这个错误。下面

这段代码就是因为缺少了循环体结尾的右半"}",编译器便将函数结尾的花括号当做循环体的结束括号,从而认为 main 函数缺少了右半花括号。

```
#include<iostream>
using namespace std;
int main()
{
    for(int i=1;i<=10;i++)
    {
        cout<<i<<" ";
        i++;
    return 0;
}                   //此花括号被认作是循环体的结束,main 函数的函数体就缺少右半花括号了
```

7. error C2660:'***': function does not take 1 parameters

说明:* * * 函数不是一个参数。该错误通常发生在函数调用语句处,调用语句中提供的实参个数与函数首部定义的形参个数不一致,应保证函数调用语句中的实参个数和类型都与形参相同或匹配。

8. error C4716:'***': must return a value

说明:函数 * * * 必须返回一个值。如果定义函数时函数的类型不是 void,就必须在函数体中用 return 语句返回一个与函数的类型兼容的数据,否则便会报错。

9. error C2078:too many initializers

说明:初始值太多。通常发生在数组初始化语句中,赋值号右边提供的初始值个数大于数组的长度,例如:

```
int a[2]={1,2,3};
```

10. error C2117:'***': array bounds overflow

说明:数组 * * * 边界溢出。通常发生在字符数组初始化语句中,赋值号右边提供的字符串包含的字符数(包括'\0')大于字符数组的长度,例如:

```
charstr[5]="hello";
```

12.1.2 连接时可能会报的语法错误

有些错误在编译阶段无法识别,但在 Linking 时会报出。这些错误也是必须修改的,否则无法正常生成可执行文件。下面列举几个例子:

1. error LNK2005：_main already defined in ***. obj

说明：目标程序***. obj 中已经有 main 函数了。如果一个工程包含的源代码文件中有多个 main 函数，便会报此错误。

2. error LNK2001：unresolved external symbol ＂public：void ＿＿thiscall Test：：print（void）＂（？ print@Test@@QAEXXZ）

说明：未解决的外部符号（Test 类中的 print 函数未定义）。此类错误主要是由于类中声明了某个成员函数却没有去实现它造成的。

12.1.3 语法误用导致的错误

还有一些错误是因为对 C++ 语法的错误使用造成的，但这些错误并不影响程序的编译、连接和执行，只是会产生不正确的运行结果。下面列举几个例子：

1. 将赋值号"＝"当做关系运算符"＝＝"来使用

这个错误是初学 C++ 的编程者经常犯的一个错误，因为数学上赋值和比较操作都是用"＝"实现的，这样的习惯思维一时很难改掉。如果程序中应该使用关系运算符"＝＝"的地方错误写成了"＝"，会造成程序的处理流程异常。而且这样的错误编译器在检查语法时不会报错，编程者在分析代码的时候也很容易忽略掉，往往只能在调试程序的过程中才能发现它。

2. 数据溢出

说明：如果给变量赋的值超出了该变量能存放数据的最大值，就会发生溢出。C++ 对产生溢出的代码不报错，只是根据被赋值变量所占内存大小，取出赋值号右边数据中相同宽度的二进制编码放入赋值号左边变量对应的内存中。这样就会导致变量中存放的并不是赋值号右边的数据而变成了一个其他数值。例如执行语句：

```
short a=50000;
cout<<a;
```

将输出－15536，而不是 50000。

3. switch 语句的 case 子句后漏写 break

说明：由于 switch 语句中的"case 常量表达式"只是起语句标号的作用，并不是在此处进行条件判断，因此当执行完一个 case 子句后，流程控制会转移到下一个 case 子句继续执行。若想在执行一个 case 子句后即跳出 switch 结构，可以在该 case 子句的后面添加一个 break 语句来实现。但如果某个 switch 语句的 case 子句后漏写了 break，程序不会报错，只是运行时不管 switch 后的表达式匹配哪个 case 子句，其后续 case 子句都会被

执行到。如下代码所示:

```cpp
#include <iostream>
using namespace std;
int main()
{
    int weekday;
    cin>>weekday;
    switch(weekday)
    {
    case 1:cout<<"星期一";
    case 2:cout<<"星期二";
    case 3:cout<<"星期三";
    case 4:cout<<"星期四";
    case 5:cout<<"星期五";
    case 6:cout<<"星期六";
    case 7:cout<<"星期日";
    }
    return 0;
}
```

运行程序后输入3,将输出"星期三星期四星期五星期六星期日"。在每个 case 子句后都加上 break 才能实现输出星期几后跳出 switch 语句。

4. 数组越界访问

说明:定义数组时要指定数组元素下标的最大值,系统会根据该数组的类型划分一段连续的内存空间用于存放数组中各个元素的值。访问数组时,数组元素的下标最大不能超过定义语句中指定的下标最大值。如果数组元素的下标超出了这个值,系统将会访问到数组以外的内存空间,而这部分内存中存放的数据值是不确定的。如下代码所示:

```cpp
#include <iostream>
using namespace std;
int main()
{
    int a[5]={1,2,3,4,5};
    for(int i=0;i<=5;i++)
        cout<<a[i]<<" ";
    return 0;
}
```

运行程序后,将输出"1 2 3 4 5 1235064"(带下划线部分的输出是不确定的,任何输出都有可能)。

实际编程中可能碰到的错误远远不止以上列举出的这些,如果无法领会错误提示的含义,可以借助于 MSDN(Microsoft Developer Network,微软公司面向软件开发者提供

的一种信息服务），或者将错误提示语句复制到百度等搜索引擎网站的搜索栏，集结网络
的力量寻求解答。

12.2 程序调试

借助于调试的方法查找程序中隐含逻辑错误的基本原理是：利用调试工具跟踪程序
的执行过程，观察代码的执行流程及代码中各变量值随着程序的运行而发生的变化。若
程序在某行语句后突然跳转到不该转向的语句处继续执行，或某些变量（或表达式）值在
此行代码处发生了异常变化，则表示此行代码对数据的处理操作是不对的，需要改正。

Visual C++ 6.0 集成开发环境提供了一些很方便的调试工具辅助编程者进行程序
的调试。和调试有关的命令主要集中在 Build 菜单下，一些常用命令在常用工具栏 Build
MiniBar 或 Debug 工具栏也可以找到对应的按钮。在工具
栏的空白处右击，从弹出的快捷菜单中选择 Debug 命令就
可以打开调试工具栏，如图 12-2 所示。

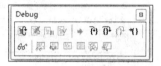

图 12-2　Debug 工具栏

下面通过一个例子介绍通过调试的方法查找程序中隐
含错误的详细步骤。

例 12-1　下面这段代码可以实现找出 1000 以内的所
有完数并输出。一个数如果恰好等于它的因子之和，这个数就被称为"完数"。一个数的
因子是除了该数本身以外能够被该数整除的数。例如，6 是一个完数，因为 6 的因子是 1，
2，3，而且 6＝1＋2＋3。请找出程序中的错误并改正。

```
#include <iostream>
using namespace std;
int main()
{   int x=0,sum=0;
    for(x=1;x<=1000;x++)
    {   for(int i=1;i<=x-1;i++)
        {   if(x%i==0)
                sum+=i;
        }
        if(sum=x)
            cout<<x<<endl;
    }
    return 0;
}
```

1. 设置断点

首先，根据需要在程序中设置一个或多个断点。设置断点的目的是可以使得程序在
执行到设置了断点的语句处发生中断，暂停执行从该行语句开始的后续语句，等待编程者

发出的下一个命令。

断点尽量设置在可疑的某行代码或可疑的某段代码的起始语句处,而确定正确的语句就不用再浪费时间去跟踪了。需要注意的是,断点所在行必须是可执行语句,不能将断点设置在空行、单纯的变量声明(不初始化)或宏定义等非执行语句处。

设置断点的方法是将光标移动至要设置断点的某行代码上,按 F9 键,或单击工具栏上的 ⚫ 按钮,或右击鼠标,从弹出的快捷菜单中选择 Insert→Remove Breakpoint 命令。重复上述过程,可以添加其他断点。被设置了断点的语句的最左边会出现一个红色实心圆点。在已经设置了断点的某行代码处再次执行上述操作可以取消该断点。进入调试状态后,还可随时根据需要在程序中设置新的断点。

本例中第一行变量初始化语句和第二行的 for 循环设置查找 1~1000 的数据范围的语句都可以确定是正确的,因此可将断点设置在内层 for 循环的起始处,如图 12-3 所示。

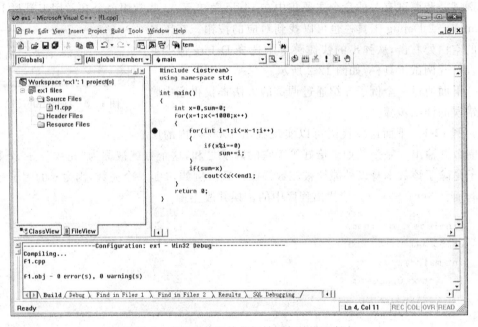

图 12-3   在可疑代码块的初始语句处设置断点

2. Start Debug

断点设置完成后,接下来要以调试(debug)模式运行程序,程序才会运行到断点代码处暂停。如果直接执行程序(execute program),程序是不会在断点处停止的。

选择 Build→Start Debug→Go 命令,或者单击工具栏上的 🗒 按钮,或者直接按 F5 键,都可以在调试状态下运行程序。

程序在调试状态下会一直执行到第一个设置了断点的语句处停下来,此时会出现一个黄色的小箭头指向当前语句,如图 12-4 所示。黄色箭头指向哪条语句,表示接下来将要执行这条语句。如果继续按 F5 键,程序会执行到下一个断点处再停止。

若调试的程序比较短,特别是只有一个源程序文件的情况下,接下来使用单步执行的

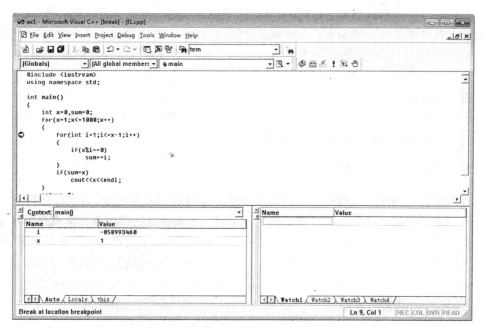

图 12-4   调试状态下程序运行至断点处中断

方式跟踪程序的执行流程已足够完成调试任务。但若程序的代码量较大,特别是多文件结构的程序中,采用在多个可疑代码处设置断点,按 F5 键在断点处跳转的方法来观察程序的执行状态效率会更高。

3.单步执行程序

单步执行程序就是让程序每执行完一行代码后便发生中断,等待编程者的下一个命令。如果以这种方式执行程序,便可清楚地看到程序一步一步的执行过程,从而判断出程序的执行流程是否和事先设计的执行流程相一致,从中找到程序出错的原因。

单步执行有 Step Into 和 Step Over 两种命令。二者都可以实现执行完一行代码后停在下一行代码前。这两个命令的区别如下:

- Step Into:对应的快捷键为 F11,对应工具栏上的 ⑦ 按钮。在单步调试过程中,若当前要执行的语句是函数调用语句,则执行一次该命令将会跟踪至被调用函数内部,等待继续单步执行函数内部代码。
- Step Over:对应的快捷键为 F10,对应工具栏上的 ⑦ 按钮。在单步调试过程中,若当前要执行的语句是函数调用语句,则不会跟踪到被调用函数内部执行,而是直接把该函数调用作为一条语句一次执行完成,然后停在当前函数调用语句的下一语句处,等待继续单步执行后续语句。

在具体操作时,这两种单步跟踪命令往往配合使用:一般先使用 Step Over 命令单步执行程序,这样可以跳过程序中使用的一些系统库函数。当执行到某自定义函数的调用语句处时,如果需要跟踪至被调用函数内部,可改用 Step Into 命令转到被调函数内部,然后再继续使用 Step Over 命令。

单步执行程序的过程中,有时能够确认在某语句之前的所有语句都是正确的,则对这些语句进行单步跟踪会增加不必要的调试时间,此时可以使用 Run to Cursor 命令(快捷键为 Ctrl+F10),让程序执行到光标所在行再停住。然后再继续进行单步跟踪,这样能有效地提高程序调试的效率。

　　需要注意的是,不管采用何种方式单步执行程序,都是一行代码一行代码(并非一条语句一条语句)执行的,因此为了调试的需要,尽量不要将源代码中的多条语句写在一行上,否则不便于观察每条语句的执行效果。

4. 观察变量或表达式值的变化

　　在单步执行程序的同时还要注意观察关键变量和表达式值的变化,这样能够有效地帮助编程者发现错误出现的原因和位置。调试状态查看变量的值可通过集成开发环境提供的监视窗口,直接将光标放在某变量的上方也会显示该变量的当前值。相对来说,使用监视窗口可以更方便地监视各变量值的变化,还可监视表达式的值,因此更为实用。

　　程序在进入调试模式后,会自动打开两个监视窗口:一个 Variables 窗口,一个 Watch 窗口,如图 12-5 所示。

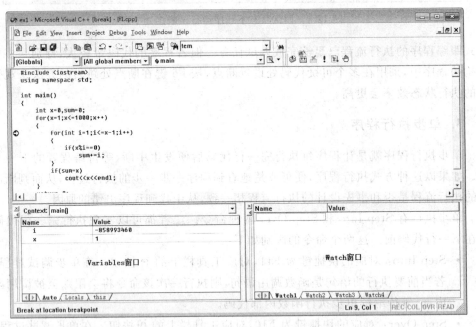

图 12-5　Variables 窗口和 Watch 窗口

- Variable 窗口实时地列出了当前执行点前后语句中变量的当前值。其中当前语句涉及的变量值会以红色显示。在 Variables 窗口可以修改局部变量的值,或通过拖放复制变量到其他窗口(如 Watch 窗口),但不能在该窗口加入其他变量或表达式。若要在 Variables 窗口修改变量值,可以双击要修改的变量值,输入新值并按 Enter 键确认。
- Watch 窗口可用来观察指定变量或表达式的值,可以把一些重点关注的变量或

Variables 窗口无法观察到的表达式添加到这个窗口。方法是直接在 Watch 窗口的 Name 下方输入要观察的变量名或表达式即可。Watch 窗口包括 4 个选项卡：Watch1、Watch2、Watch3 和 Watch4，便于将所要查看的变量或表达式分组。

单步执行程序并观察变量值的变化，不仅可用于调试程序，还可帮助编程者理解一些较为复杂的程序。

本例中，由于第一个会输出的结果是 6，因此程序是否能将 6 判断为完数及判断过程中执行的代码是否正确很关键。可是在考察 6 之前，还需要依次判断 1～5 这些数据是否是完数，单步跟踪这一系列过程显然很浪费时间，如果能直接从 x=6 开始往下单步执行程序就好了。要实现这一点有两种方法：第一种方法是反复按 F5 键，这样程序会执行完每一段 x 的判断语句后再次停在断点语句处，x 的值便可快速的增长至 6；第二种方法是直接在 Variable 窗口双击变量 x 的值，将其改成 6 以后按 Enter 键，这样 x 的值就会直接跳转到 6，这种方法的效率更高。接下来程序就可以在 x=6 的基础上继续单步执行了。由于本例中没有自定义函数，因此更适合按 F10 键进行单步调试。

5. 分析错误原因，修改代码

如果程序的执行流程发生异常。例如，选择结构中，应该执行条件成立的后续语句，却转到了 else 后面的语句去执行；循环结构中，应该执行循环的时候循环却结束了，或循环应该结束了却又一次进入了循环体，等等。发生这类情况可去查看一下流程控制语句中各种条件的设置或表达式中涉及的变量是否存在问题。如果变量的值和我们预期的不一致，发生了异常变化，要检查一下之前对变量执行操作的语句中是否存在错误。发现错误后，可以执行 Debug→Stop Debugging 命令（按 Shift+F5 组合键）退出调试状态，返回源代码编辑状态修改程序，也可直接在调试状态修改错误代码后再退出调试状态。每修改完一个错误后，要重新运行程序看代码是否已经正确，如果还有错误则再次重复上述过程进行调试。

调试可以帮助编程者找出程序中几乎所有的隐含错误，但怎样修改错误使得程序变得准确还是需要编程者根据编程经验或重新分析算法来完成。

本例中，通过单步执行程序可以发现，当程序执行到 if(sum=x) 这行语句处时，变量 sum 和 x 的值同为 6。由此可见，以上求 x 因子和的代码是没有错误的。继续单步执行程序，会输出 x 的当前值 6。至此，程序正确地输出了第一个完数，没有发现任何异常。

接下来只能选择继续单步执行程序，观察程序的后续发展。当再次单步执行到 sum+=i;这条语句时，终于发现问题了。此时应当要统计 7 的因子和，在把 7 的第 1 个因子加到 sum 之前，变量 sum 的初值应当是 0 而不是此时显示的 6，如图 12-6 所示。这个错误导致把 7 的第 1 个因子加到 sum 中之后 sum 的值不是 1 而是 7，如图 12-7 所示。

分析一下错误的原因：程序应当要在每判断完一个 x 是否是完数后，或者在即将判断一个新的变量 x 是否是完数前，执行 sum=0 的初始化操作，否则变量 sum 的值会在前一个数据因子和的基础上不断累加。因此，可以在外层 for 循环内的第一条语句或最后一条语句处加上语句 sum=0。

退回编辑状态重新运行程序后，发现程序的运行结果依然不正确。再次重复上述调试过程。这一次发现程序在判断 7 是否是完数时，单步执行到 sum+=i 这条语句处，此

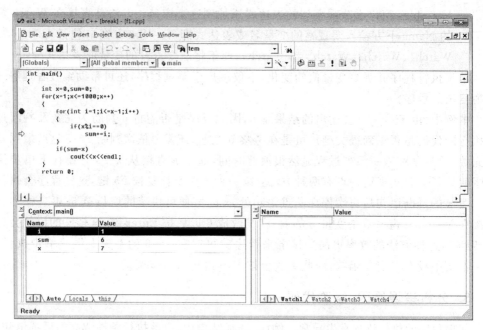

图 12-6　求 7 的因子和之前 sum 的初值不是 0

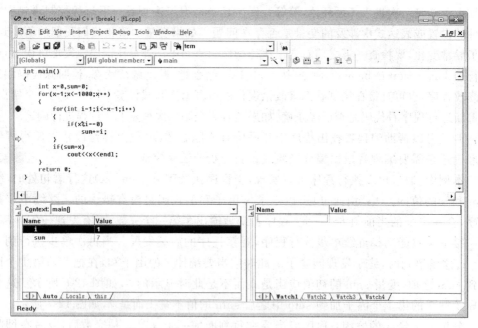

图 12-7　执行过 sum＋＝i 后 sum 值变成了 7

时因子和 sum 的值是 1,与 x 的值不相等,如图 12-8 所示。但再次按 F10 键,程序居然执行到了 cout＜＜x＜＜endl 这行输出语句,sum 的值也变成了 7,如图 12-9 所示。变量的值和程序的执行流程都发生了异常,再次观察刚执行过的语句 if(sum＝x),发现 if 后面的条件应当是关系表达式 sum＝＝x,而不是这个赋值表达式 sum＝x。

————————— C++程序设计例题解析与上机指导

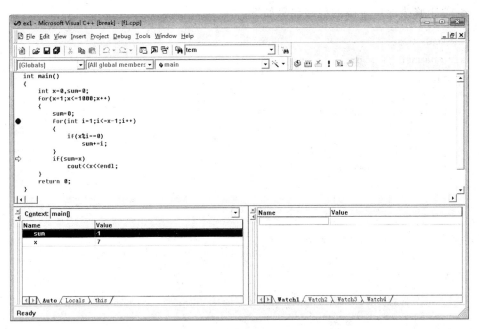

图 12-8　x＝7 时因子和 sum 的值是 1

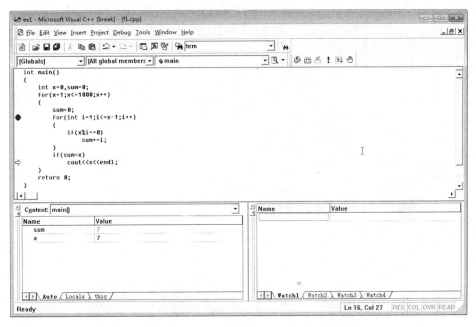

图 12-9　因子和 sum 变成了 7 且输出 7 是完数

再次修改错误并重新编译、连接、运行程序,终于可以正确输出运行结果了。

6

28

496

例 12.1 修改之后正确的程序代码如下：

```cpp
#include <iostream>
using namespace std;
int main()
{   int x=0,sum=0;
    for(x=1;x<=1000;x++)
    {   sum=0;
        for(int i=1;i<=x-1;i++)
        {   if(x%i==0)
                sum+=i;
        }
        if(sum==x)
            cout<<x<<endl;
    }
    return 0;
}
```

参 考 文 献

[1] 谭浩强. C++程序设计[M].2版.北京：清华大学出版社,2011.

[2] 谭浩强. C++程序设计题解与上机指导[M].2版.北京：清华大学出版社,2011.

[3] 钱能. C++程序设计教程[M].2版.北京：清华大学出版社,2005.

[4] 钱能. C++程序设计教程实验指导(C++程序设计系列教材)[M].2版.北京：清华大学出版社,2007.

[5] 吴乃陵,况迎辉. C++程序设计[M].2版.北京：高等教育出版社,2006.

[6] 张玲,席德春,刘晓杰. C++上机实践指导教程[M].北京：机械工业出版社,2004.

[7] 周玉龙,刘璟. 高级语言C++程序设计实验指导[M].北京：高等教育出版社,2006.

[8] 胡思康,赵清杰. C++程序设计实验指导与题解[M].北京：清华大学出版社,2008.

[9] 游洪跃,伍良富,王景熙. C++面向对象程序设计实验和课程设计教程[M].北京：清华大学出版社,2009.

[10] 李兰,刘天印. C++程序设计实验指导与习题解答[M].北京：北京大学出版社,2006.

[11] 夏宝岚,夏耘. C/C++程序设计实验教程[M].上海：华东理工大学出版社,2006.

[12] 吴焱. Visual C++程序设计基础实训教程[M].重庆：重庆大学出版社,2005.

[13] 江苏省高等学校计算机等级考试中心. 二级考试试卷汇编(Visual C++语言分册 2002～2005)[M].苏州：苏州大学出版社,2005.

[14] 江苏省高等学校计算机等级考试中心. 二级考试试卷汇编(Visual C++语言分册 2006～2009)[M].苏州：苏州大学出版社,2009.

[15] 江苏省高等学校计算机等级考试中心. 二级考试试卷汇编(Visual C++语言分册 2010～2013)[M].苏州：苏州大学出版社,2013.